Contents

Chapter 2 「Tello EDU アプリ」で飛ばそう！ **39**

2-1	この章のはじめに	40
2-2	トレーニングステーションで基礎を学ぼう	42
	「Tello EDU」アプリを起動しよう	42
	トレーニングステーションを起動する	4
	9つの課題に順番にチャレンジ	
	「01 ワープ」でブロックの使い方を覚え	
	そのほかの課題にも挑戦	51
2-3	ブロックを使って飛ばしてみよう	53
	ブロック操作の画面を起動	53
	Wi-Fi で接続	54
	フライトシミュレーターで飛ばしてみる	56
2-4	ドローンパイロットの「舵チェック」に挑戦してみよう	60
	「飛行情報」を確認してみよう	62
2-5	前転・バック転を連続成功させよう	63
2-6	高さを気にする賢いドローンをプログラムしてみよう①	66
	ドローンが前転する条件を考えてみよう	66
	条件をつけて実行するブロック	66
	条件を指定するブロック	67
2-7	高さを気にする賢いドローンをプログラムしてみよう②	71
	高さによってプログラムを分ける	71
2-8	永久に仕事を繰り返すドローンをプログラムしてみよう	74
	プログラムを何度も繰り返す	74
2-9	今何回目かわかるプログラムにしてみよう	77
	プログラムでメモをとる	77
2-10	永久ループに限界を設定してみよう	81
2-11	空中に四角形を描いてみよう	84
	関数を作る	85
2-12	空中に五角形や六角形、十二角形を描いてみよう	88

JN067682

Contents

2-13 ミッションに挑戦！ 災害救助 ……………………………………… 91

課題概要 91

2-14 この章のまとめ ………………………………………………………… 93

Chapter 3　ミッションパッドで制御しよう！　95

3-1 ミッションパッドを使おう ……………………………………………… 96

3-2 ブロック解説 …………………………………………………………… 98

ミッションパッドなしの XYZ 方向の制御 98

ミッションパッドを使った XYZ 方向の制御① 99

ミッションパッドを使った XYZ 方向の制御② 101

3-3 災害救助のプログラムにミッションパッドを使ってみよう 103

3-4 ミッションに挑戦！ 星を空中に描く …………………………………… 106

XY 平面上に星を描く（ミッションパッドなし） 106

XY 平面上に星を描く（ミッションパッドあり） 108

YZ 平面上に星を描く（ミッションパッドなし） 109

3-5 この章のまとめ ………………………………………………………… 111

コラム 障害物レースに挑戦 …………………………………………………… 112

障害物レースのルール 112

Chapter 4　プログラミングの学び方を学ぼう！　115

4-1 動物の動きをまねてみよう！ …………………………………………… 116

4-2 「うさぎ」の動きを考えてみよう ……………………………………… 117

考えてみよう！ 117

やってみよう！ 118

振り返って考えよう 124

発展 125

Contents

コラム	振り返りについて	127
4-3	「お魚」の動きをまねしてみよう	129
	アイデアを出そう	129
	「めだか」をプログラムしてみよう	131
	やってみよう！	132
	振り返って考えよう	134
	問題点を修正して再チャレンジしてみよう	135
	もう一度振り返って考えよう	136
4-4	のんびりしたお魚の動きを考えよう	138
	カーブブロックを使ってみよう	138
	具体的に考えてみよう	138
	やってみよう！	139
	振り返って考えよう	146
	発展	147
4-5	ミッションに挑戦！　イルカでジャンプ	149
	具体的に考えてみよう！	149
	やってみよう！	150
	振り返って考えよう	150
	発表してみよう	151
コラム	保護者の方へ～「こだわる」「見立てる」ということ	153
	「こだわる」ということ	153
	「見立てる」ということ	153

Chapter 5	テキストプログラミングに挑戦！	155
5-1	この章のはじめに	156
	テクノロジーとアートの融合「ドローンショー！」	156

Contents

5-2 「Swift Playgrounds」でテキストプログラミングに挑戦！ ·················· 158

Swift Playgrounds アプリをインストールしよう　　159

Tello Space Travel に挑戦しよう　　163

コードに挑戦 1（基礎）　　164

コードに挑戦 2（自分でコードを入力してみよう）　　168

Mission Pad に挑戦！　　169

編隊飛行に挑戦！　　170

5-3 ミッションに挑戦！　編隊飛行のプログラムを考えてみよう ·················· 175

プログラムを教えよう！　　175

コラム 協同的な学習環境の重要性：仲間を見つけよう！ ·················· 177

5-4 多言語に対応する Tello EDU を学びつくそう！ ·················· 179

Scratch でドローンを飛ばしてみよう　　179

Python でドローンを飛ばしてみよう　　185

ミッションに挑戦！　プログラム例集　　189

参考資料・参考文献　　192

おわりに　　193

索引　　195

著者プロフィール　　199

Chapter 0

ドローン＆
プログラムって何！？

これから始まる
プログラミング教育

　2020年、「プログラミング教育」が小学校で必修化されます。これは全員プログラマーになってIT企業に入る……という意味ではなく、「プログラミング的な考え方」を学ぶことが目的です。プログラミング的な考え方というのは、目的を達成するために順序立てて、試行錯誤しながらものごとを解決するような考え方のことです。

　世界はどんどんデジタル化されています。みなさんがふつうに使っている「スマホ」も、20年前にはほとんどの人が持っていませんでした。30年前に「スマホをひとり1台持ってインターネットに手軽につながる」この世界を想像できていた人は、ほとんどいなかったのではないでしょうか（インターネットを知らない人もたくさんいました）。このデジタル化の波は、ものすごいスピードでいろいろな分野に広がっています。

　世界がどんどんデジタル化していくと、世の中のスピードが速くなります。昔は手紙を使って数日かけていた文章によるメッセージのやりとりは、eメールやSNSなどの通信ツールによってリアルタイムで行えるようになりました。地図を見たり時刻表本を見たりしながら立てていた移動の計画も、スマホで一回検索するだけで乗る電車の時刻や乗り換えのタイミング、現地までの道順まですぐにわかります。このようなことが、いろいろな分野で広がっているのです。

　デジタル化されたスピードが速い世界では、今までのやり方や解決方法では対応できない新しい課題が生まれたり、それが新しい技術によって解決されたりすることが当たり前になります。これまでは教えてもらうことや、今までのやり方を続けることで解決できた場面が多かったのに対して、これからの世界は自分で課題を見つけ、解決方法を考え、いろいろ試しながら目的を達成していくことが必要な場面が多く出てくるのです。

　そのために大切なのは、まずデジタル化された社会に生きるみなさんが、生活を便

利にしているまわりのいろいろなものにコンピュータが使われていることや、そのコンピュータがプログラムで動いていてそのプログラムが人によって作られていること、そしてコンピュータには得意なことや不得意なことがあり、プログラミングには必要な手順があることに気づくことです。

　プログラムとは、コンピュータを動かすための「指示」です。コンピュータは、人が作った指示がないと動きません。また、プログラムを作るには、コンピュータに（1）どのような考え方で（2）どのような順番で（3）指示を出すか……を考えなくてはなりません。この（1）〜（3）を考え、実際にコンピュータに指示を出すことが「プログラミング」です。

　デジタル化されたスピードが早い世界では、あらゆる活動の中でコンピュータを活用することが必要になります。パソコンやスマホだけでなく、みなさんの家にある冷蔵庫も、テレビも、エアコンも、クルマもすべてコンピュータが入っていて人が作ったプログラムで動いています。この本でも取り上げ、これからみなさんの身の回りに「当たり前に」活用されるであろうドローンも、プログラムで動いているのです。

　プログラミング的な考え方ができることは、みなさんが将来どのような仕事につくとしても、何をやろうとするときでも、とても重要なチカラになります。そのようなチカラを持った人を育てること、それが 2020 年から始まる「プログラミング教育」の必修化の目的です。

いろいろなところで活躍するドローン

　テレビ番組を見ていると、ドラマでもバラエティでもドローンの映像が使われています。この数年でドローンによる空撮映像を見ることが驚くほど増えました。しかし、ドローンは空撮をするだけの機械ではありません。

◯ 安価に物資を運ぶ「物流ドローン」

　たとえば、荷物を運ぶ物流ドローンがあります。今までは1回あたりの費用が高額なヘリコプターを使うか人が重い荷物を背負って運ぶしかなかった山小屋、あるいは数少ない便の船でしか荷物を運べなかった小さな島。そんなところでは、物流ドローンの活躍が期待され、本サービス開始に向けた実験が繰り返されています。

　また、小さな離島がつらなる地域では、日常の買い物で船を使って本土に行かなくてはならず、薬が急に必要になったときにすぐに手配できないこともあります。そのようなときにも、物流ドローンは活躍が期待されています。

　物流ドローンは、数キロ〜数十キロに及ぶ飛行距離が想定されることが多く、そのような長距離飛行では機体を目で追うことができないうえに、コントロールする電波が届かないという問題があるなど、技術的に難しいこともたくさんあります。その反面、実用化されれば解決できる課題も非常に多く、たくさんの人に期待されています。

◆ PRODRONE 社のヘリコプター型 物流ドローン

画像提供：PRODRONE

人手不足解消の救世主「農薬をまくドローン」

　ほかにも、広い田んぼで農薬をまくドローンがあります。通常 1ha（10,000 平方メートル）あたり 30 分かかっていた農薬をまく作業は、ドローンの活用によって 10 分程度に短くできるといわれています。

　操縦するタイプの農薬をまくドローンもありますが、近年増えてきているのが自動操縦型のドローンです。田んぼの範囲を操作するアプリ上で指定してあげると、その範囲をどのように飛行するのかドローンが考えて自分で設定、自動でフライトすることができます。途中で農薬がなくなってしまっても、その場所を覚えているので大丈夫。農薬を補充したら中断した場所まで自動で戻って、また農薬をまきはじめます。

　このように、農薬をまくドローンは、操縦者がかんたんに農薬をまけるように自動化技術でどんどん進化しています。背景には農家の方の人数が減っていることや、農薬をまく作業がとても重労働である（10 リットル＝ 10kg 以上の農薬が入ったタンクを背負って人がまいているところもあります）という問題があり、ドローンはこの問題を解決ができる新しい技術として、農業の分野でも期待されているのです。

◆ FLIGHTS社の農薬散布ドローン「FLIGHTS-AG」

工事現場でも大活躍するドローン

　工事現場や建設現場などで地形や土地の状態を調べるために行う「測量」でも、ドローンが活躍しています。ドローンは事前に指定されたルートを自動で正確に飛行しながら写真を数千〜数万枚撮影し、工事を正確に進めるために必要となる立体的な地形データを作成します。

◆ ドローン自動航行システムを使った測量

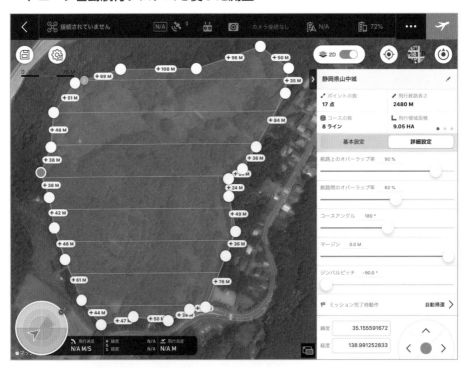

未来の移動手段「空飛ぶクルマ」

　新たな移動手段として期待されている「空飛ぶクルマ」の基礎技術も、ドローンの技術開発から得られたものです。前後左右に配置されたプロペラの回転数を細かくコントロールし、浮上したり移動したりする技術は、ドローンの浮上・移動技術と同じものです。空飛ぶクルマには自動運転を前提としたものが多く、交通状況に応じて飛んだり走ったりして渋滞をやわらげる効果が期待されています。また、短距離移動の時間を短くすることや、交通手段の少ない小島がつらなる地域や山間部などでの新しい交通手段となることも期待されています。

◆ SkyDrive 社で開発中の空飛ぶクルマ（CG によるイメージ）

画像提供：SkyDrive/CARTIVATOR

ドローンの最新情報は『DRONE』

　今、ドローンの分野はものすごいスピードで進化し、毎日のように新しいニュースが発信されています。国内外のドローン最新の情報は、インターネットサイト『DRONE（https://www.drone.jp/)』でチェックできます。

ドローンのコントロールは「操縦」と「プログラミング」

　ドローンはラジコンのようにコントローラー（送信機）を使って操縦するパターンと、プログラムによってコントロールするパターンがあります。コントローラーは専用の機械を使うことも、スマートフォンやタブレットがコントローラーになることもあります。

　テレビ番組や映画などの映像は、ドローンパイロットが送信機を使って操縦して撮影します。美しい映像を撮るための機体のコントロールには、自動操縦よりも人の手での操縦が向いているからです。

◆ 映像を撮影するためのドローンの操縦

　一方、物流ドローンで荷物を届けたり、測量で数千枚の写真を撮影したりするときは、タブレットにインストールされたアプリなどであらかじめ飛行ルートを設定し、ドローンをその通りに自動飛行させます。ドローンは GPS などの人工衛星からの位置情報を活用できるので、飛行ルートを事前にプログラミングして飛行させる方法が向いているのです。

◆　ドローンによる測量

トイドローンでもできる
プログラミング

　実は、量販店などで購入できるおもちゃタイプのトイドローンでも、プログラミングでコントロールすることができます。トイドローンとは、小型のおもちゃドローンのことです。ラジコンのようにコントローラーでコントロールするものが多いのですが、Ryze tech（ライズテック）の「Tello」と「Tello EDU」は専用アプリでかんたんにプログラミングができるうえに、Tello EDU では 1 台のタブレットやスマートフォンで複数台の機体をコントロールする「編隊飛行」や、絵柄がプリントされた「ミッションパッド」をカメラで読み込ませて正確な動きをさせることができます。このようなプログラミングできるドローンによる学習は世界的にも注目されており、Tello/Tello EDU も中国のベンチャー企業が開発したドローンです。本書では、この Tello/Tello EDU を使ったプログラミングにチャレンジしていきます。

◆ Tello EDU とミッションパッド（上）、専用アプリの画面（下）

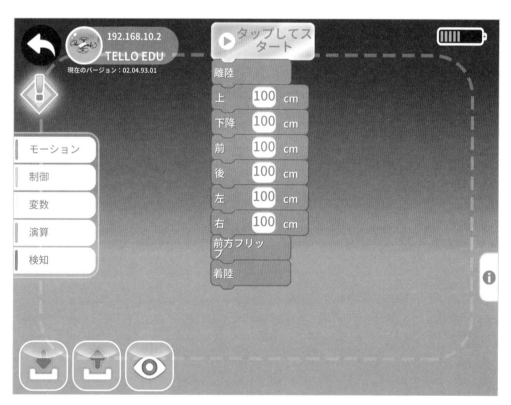

どうしてドローンで プログラミングをするの?

コンピュータを使ってプログラミングするのは、楽しいものです。このプログラミングをドローンの自動操縦と組み合わせると、コンピュータの中だけで実行するプログラミングよりも、さらに楽しさを味わうことができます。

特にドローンは、今いろいろな分野で活用の可能性を探る実験が進められ、新しいロボット型ツールとして世界的に非常に注目されています。これから私たちの社会の仕組みの一部となるであろうドローンの仕組みを知ることは、デジタル化された新しい社会を生きるみなさんにもとても大切なことです。

コンピュータの中だけでプログラムを実行する場合、同じプログラミングをすれば必ず同じ結果になります。ところが自分で作ったプログラムでドローンを動かすと、必ずしも同じ結果になるとは限りません。ドローン自体は同じ動きをしようとするのですが、ドローンが飛んでいる周りの空気の流れやドローンのセンサーのちょっとしたズレ、部屋の明るさなどさまざまな周辺の環境によって影響を受け、違った動きをすることがあるのです。

しかし、この周辺環境の条件から影響を受けるということが、「現実」なのです。現実の世界でも、同じことを同じようにしても、同じ結果にならないことが多くあります。同じ結果を得るために、周りの環境の変化をヒントにしてやることに少し変化を与え(調整し)、同じ結果(もしくは今まで以上の結果)が得られるようにするというのが、現実の世界です。

プログラムでドローンを飛ばして目的を達成するということは、現実に起こりうる課題を解決する「考え方」を学ぶことにもつながるのです。

Chapter 1

ドローンを飛ばして遊んでみよう！

Tello/Tello EDU の紹介

◯ 小型高性能機 Tello/Tello EDU

　Ryze tech の Tello/Tello EDU は、とても高性能なトイドローンです。ドローンメーカーとして有名な「DJI（ディージェーアイ）」が技術協力しており、パソコンの CPU（ヒトの脳にあたるもの）で有名な「intel（インテル）」のプロセッサーが画像や映像の処理で使われています。

　また、1 万円前後のトイドローンは、機体自体が自分で自分がいる位置を計測できないものがほとんどなのですが、Tello/Tello EDU は底面にあるセンサーで自分の位置を計測できます。自分の位置を計測できると、操縦者がコントローラーを操作しなくてもその場にいつづけることができます。位置を計測できないドローンは操作しないとどこかに流されてしまいます。この差が、プログラミングをするにはとても大きな差となります。

◆ Tello の上面と底面

　ドローンのプログラミングでは「前進 50cm」や「上昇 20cm」といった命令を使うのですが、「命令されたこと以外しない」ことが重要になります。センサーによって自分の位置を計測できる Tello/Tello EDU は、「前進 50cm」と命令されれば、

きちんとまっすぐ 50cm 前進します。前進したあとは、その場で一度止まってから次の命令を実行します。

　一方位置を計測できないドローンでは、まず「前進 50cm」を実行しようとしても、ほとんどの場合まっすぐではなく風（ドローンが自分でおこしたプロペラの風もふくむ）などの影響でななめに移動します。そして、50cm 前進した（と思われる）場所で次の命令を実行するまでの間も、位置を計測できないのでどこかに流されてしまいます。位置を計測できないドローンは、プログラミングした内容をその通りに実行できないのです。

　Tello EDU ではさらに、絵柄がプリントされた「ミッションパッド」を読み込ませることによって、より正確にプログラミングすることもできます。たとえば、「ミッションパッド 1」から「ミッションパッド 2」に移動して着陸する、といった動きもプログラミング可能です。Tello/Tello EDU はドローン本体に違いはなく、このミッションパッドが付属しているかどうかのみが異なります。

購入するには

　Tello は家電量販店やインターネット通販などで購入できます。Tello EDU はローンメーカー DJI 社のオンラインストア「DJI Store」、「Apple Store」のお店やオンラインストア、一部ドローン代理店で購入できます。一般の家電量販店では販売していないので、注意してください。

- DJI Store：
  https://store.dji.com/jp/
  製品：https://store.dji.com/jp/product/tello-edu?from=menu_
  　　　products&vid=47091
- Apple Store（学生教職員向けストア）：
  https://www.apple.com/jp_edu_1460/shop
  製品：https://www.apple.com/jp_edu_1460/shop/product/HMBE2J/A/
  　　　ryze-tello-edu-drone-powered-by-dji

※ 15 歳未満の方は保護者の方といっしょに操作してください。

ドローンを飛ばして遊んでみよう！

Tello の基本操作

Tello のパッケージを開封する

　では、さっそく Tello のパッケージを開封してみましょう。パッケージには、次のものが入っています。

- Tello EDU 本体
- バッテリー（1 本）
- 予備プロペラ
- プロペラ取り外し金具
- 説明書
※ Tello EDU にはさらに USB ケーブルとミッションパッド 4 枚が入っています。

　充電器は入っていませんが、本体にバッテリーを差し込んだ状態で一般的なマイクロ USB ケーブルを接続すれば充電できます。バッテリー 1 本で最大 13 分のフライトが可能なので、予備バッテリーを 2 つほど追加購入しておくと、バッテリーを交換しながら飛ばすことができます。

　なお、ここからはミッションパッドを使わない場合、Tello/Tello EDU をまとめて Tello と呼びます。

機体をじっくり見てみよう

　Tello 本体をじっくり観察してみましょう。まずはプロペラ周りから。Tello をはじめとする多くのドローンは、4 つのプロペラの回転数を個別にコントロールして、前後左右や上下に移動したり、機体を回転させたりします。プロペラがとても重要な役割をしているので、プロペラが欠けたり、傷ができたりしたら、予備のプロペラに交換しましょう。

◆ プロペラをチェック

　プロペラはよく見ると、傾きが 2 種類（右向き・左向き）あります。プロペラを回すモーターは左右で逆向きに回転するので、プロペラも左右で逆向きに傾いているのです。また、プロペラには中心付近にスジが入ったタイプと、スジが入っていないタイプがあるので注意して見てみましょう。それぞれ隣り合った（左右・前後）プロペラが違うタイプになっているかと思います。墜落や衝突でプロペラが外れてしまったときは、どこのモーターにどのタイプのプロペラが付いていたのか確認して再装着してください。正しく装着しないと飛ぶことができません。

◆ プロペラの回転方向

　飛行しているときプロペラは高速で回転しているため、直接触ったり、プロペラが目に入ったりすると非常に危険です。飛行中は Tello には触らないようにしてくださ

い。万が一のために、Tello にはプロペラを守るプロペラガードが装着されています。プロペラガードを常に装着して飛ばせば、回転しているプロペラに直接触れる危険を回避しやすくなります。

　まれにプロペラガードがゆがんで、プロペラに接触してしまうことがあります。Tello を飛ばす前は、プロペラガードのゆがみのチェックもしておきましょう。ゆがんでしまった場合は、ゆがみの反対側に数秒反らせるともとに戻ります。

◆ プロペラガード

　次に、機体の正面を見てみましょう。正面にはメインカメラと LED インジケーターがあります。メインカメラは写真を 500 万画素（2592 × 1936 ピクセル）の高解像度で撮ることができます（Tello アプリで操縦時）。映像は 720p の HD 画質で、なおかつ電子手ブレ補正機能があるので、フライト時とても安定した映像を撮ることができます。

◆ メインカメラ

　メインカメラの映像は、操作しているあいだアプリの画面上にリアルタイムでずっと表示されます。映像を見ていると、まるでドローンに乗っているかのような感覚で操縦することができます。

◆ アプリに表示されるメインカメラの映像

　正面カメラのななめ上にある LED インジケーターは、機体の状態を表します。LED の意味を理解しておけば、Tello の状態がわかるようになります。

◆ LED インジケーター

◆ LED の色と Tello の状態

LED の点滅する色	Tello の状態
いろいろな色	機体立ち上げ中やセンサーリセット中
黄色	コントローラー（スマホアプリ＋ Wi-Fi）が未接続
緑色	正常
赤色	バッテリー不足
青色	充電中

　最後に Tello の底面を見てみましょう。底面には、2 個で 1 組の赤外線センサーと、1 個のビジョンポジショニングセンサーがあります。赤外線センサーは、赤外線を使って目標までの距離を測るセンサーです。Tello は赤外線センサーで床面までの距離（高さ）を測って、機体の高度を一定に保つことができます。ポジショニングセンサーは 1 秒間に数十枚の写真を撮影し、 1 つ前と今の写真を比べることで機体が動いていないか（どれくらい動いているか）判別して位置を割り出します。

　ちなみに、ポジショニングセンサーをマスキングテープなどでふさぐと位置を割り出せなくなり、スケートで滑るように機体が右へ左へ流れて安定しない状態になります。暗い環境でも同じように位置情報の精度が落ち、左右に流れやすくなるので注意しましょう。

◆ 赤外線センサーとビジョンポジショニングセンサー

スマホアプリの基本操作

アプリのインストール方法

　Tello は、iPhone や iPad mini、Android のスマートフォンに「Tello アプリ」をインストールして操縦します。ここでは、iPhone を例にインストール方法を説明します。下記の対応機種を用意し、QR コードからアプリをインストールしましょう。

◆ Tello アプリ対応機種

OS のバージョン	対応機種
iOS 9.0 以降	iPhone 5s、iPhone SE、iPhone 6、iPhone 6 Plus、iPhone 6s、iPhone 6s Plus、iPhone 7、iPhone 7 Plus、iPhone 8、iPhone 8 Plus、iPhone X、iPad mini 4、iPad mini 4 Wi-Fi + Cellular
Android 4.4 以降	Samsung S7、Samsung S6 edge、Samsung S5、Samsung Galaxy note 4、Samsung Galaxy note 3、Huawei Honor 8、Huawei Honor 9、Huawei P8 Max、Huawei P10、Huawei Honor V8, Huawei P9、Huawei nova2、Xiaomi 6、Xiaomi Note3、Redmi 4A、OnePlus5, vivoX6、Google Pixel1 XL、Google Pixel2

※対応機種は随時更新されます。
※ Android タブレットには対応していません。

◆ Tello アプリのインストール開始

QR コードをスマ　トフォンやタブレットで読み込むと、アプリのダウンロード画面に移動します。「入手」をタップしてアプリをインストールしてください。

◆ Tello アプリの入手

アプリと Tello を接続

アプリのインストールが完了したら、まず Tello とスマートフォンを Wi-Fi（無線で通信するための規格）で接続します。Tello の後ろから機体内部をのぞくと Tello に割り当てられた Wi-Fi の SSID（名前の役割をするもの）が確認できます。Tello 本体右側のスイッチを押して電源を入れたら、iPhone の「設定」から「Wi-Fi」をタップし、Tello の SSID と同じものをタップして選択してください。

◆ Tello の SSID を選択

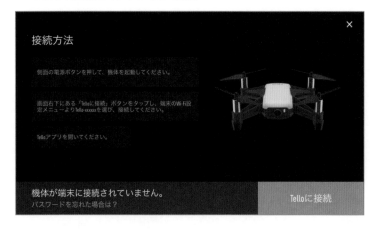

　次に「Tello アプリ」を立ち上げます。初めて立ち上げると、スマートフォンとの Bluetooth 通信や写真アプリとの接続の許可、画面の説明などが出てきますので、保護者の方といっしょに進めてください。

　Tello とスマートフォンの接続がうまくいってない場合は下記の画面が出ます。画面の指示にしたがって再度 Wi-Fi 接続からやりなおしてください。

◆ Wi-Fi 接続されていない状態

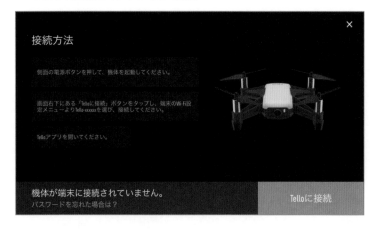

◆ 基本操縦方法

　「Tello アプリ」では、ゲームのコントローラーを操作するようなイメージで Tello

を飛行させることができます。コントローラー部分は、右側のバーチャルスティックで前後左右の動きを、左側のバーチャルスティックで上昇・下降と機体の回転の動きをコントロールします。

◆ Tello アプリのコントローラー

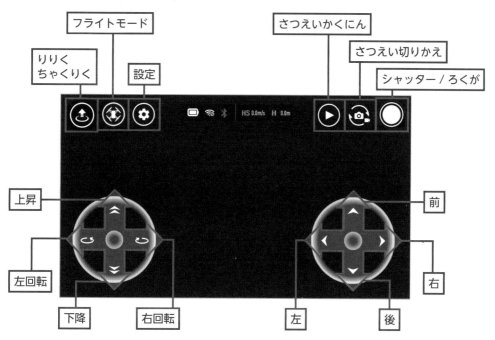

　機体の特性を知るために、プログラムでコントロールする前にまずは手動で操縦しておくことをおすすめします。Tello がどんな動きをする機体なのかを知ることが、プログラムでどのような命令を出せばいいのか、ヒントになります。

　では、さっそく飛行させてみましょう。画面左上の離陸ボタンをタップして、出てきた画面をスライドさせると自動で離陸して一定の高さでホバリングします。ここで、何も操作をしなければ Tello はずっとその場にホバリングしつづけています。これは前節で説明したように、赤外線センサーとビジョンポジショニングセンサーの働きによるものです。

　ホバリングできたら、前後左右に動かしてみましょう。円形のバーチャルスティックで、円の中心から外側にむけて指をスライドさせると機体が動きます。

◆ 映像～離陸・基本的な移動・着陸（https://youtu.be/umTHR5lnc1k）

　撮影したいアングルに機体を移動させて画面を合わせたら、画面右上にある「シャッター／ろくが」ボタンをタップしましょう。「さつえい切りかえ」がカメラマークなら写真が、ビデオカメラマークなら動画が撮影できます。撮影した写真や動画は「さつえいかくにん」ボタンをタップすれば見ることができます。

　また、左上の Tello のカタチをしたアイコンをタップすると「フライトモード」メニューが現れます。これは、決められた動きをかんたんに再現するモードです。宙返りをさせるモードや、360°回転しながら撮影するモード、バック＋上昇しながら撮影するモードなど操縦すると難しい動きをボタンひとつでかんたんに再現することができます。

◆ 映像～バック＋上昇 [Up & Away]（https://youtu.be/zaPmDC-O4PE）

◆ 映像〜 360° （https://youtu.be/GrnhiX-dSOA）

プログラムでコントロール

　「Telllo EDU」アプリを使うと Tello EDU をプログラムでコントロールすることができます（一部機能は Tello でも利用できます）。シンプルなものでは、ブロック型のアイコンになったプログラムをつなぎ合わせるだけで、Tello EDU をプログラミングすることができますので、非常にかんたんです。くわしい解説は第2章で紹介しています。

◆ 「Telllo EDU」 アプリ

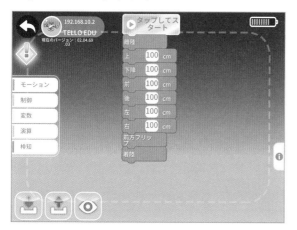

トイドローンの規制について

◉ Tello は航空法の対象外

　ドローンには、飛行させるための法律やルールがあります。「航空法」では基本的には 200g 以上のドローンに対しての多くのルールが定められていますが、Tello/Tello EDU は 80g なのでそれらのルールは適用されません。ただし、航空法では空港の周辺や 150m 以上の上空などの飛行が制限されており、これはトイドローンを含むすべてのドローンが守らなくてはなりません。

　くわしくは下記の Web ページをご確認ください。

◆ 安全にフライトを楽しむために

http://www.videkin.com/user_data/img/detail/main_comment/drone-flightrule.pdf

◉ Tello を安全に飛ばすには

　ドローンはプロペラを高速に回転させて、空を飛んでいます。プロペラは Tello のような小型トイドローンでも、目に入ったりすると非常に危険です。以下のことに気をつけて、楽しく遊んでください。

周りに人がいない場所で飛ばそう

　いちばん危険なのは、人にぶつけることです。人がいない場所であれば人にぶつかることも、ケガをさせることもありません。いっしょに遊ぶ人も、飛んでいる Tello からは目を離さないように注意しましょう。

外では飛ばさないようにしよう

　室内では安定して空中で止まることができる Tello も、風のある外では思わぬ方向に流されてしまうことがあります。道路やクルマの近くに行ってしまったら、交通事故が起きかねません。Tello は部屋の中で遊びましょう。

室内で飛ばすときも Tello が出られる大きさの窓やドアは閉めよう

　小型の Tello は、ちょっとしたすきまをすり抜けてしまいます。窓やドアを開けていると、そのすきまから外に出てしまって危険です。必ず Tello がどこかに行ってしまわないように窓やドアは閉めて遊びましょう。

回転しているプロペラに手を出さない

　小型の Tello でも、回転するプロペラにはケガをさせるほどのチカラがあります。Tello にさわるときは、プロペラの回転が止まっていることを確認してからにしてください。ふいに自分の方向に飛んできた Tello を手でたたいて防ごうとすることも危険です。そのようなときは、手を出さずに逃げるようにしてください。

Chapter 2

「Tello EDU アプリ」で飛ばそう！

この章のはじめに

　この章では「Tello EDU」アプリを使って、実際のプログラミングの流れを体験していきます。読み進める前に、必要なアプリ「Tello EDU」のインストールを行ってください。アプリ本体は iOS、Android ともに無料です。ただし、App 内課金があるので注意してください。

　アプリをインストールするための URL は、公式サイトに載っています。「AppStore」と書かれたボタンが iOS 端末用（iPhone や iPad）、「GooglePlay」と書かれたボタンが Android 端末用です。以下の公式サイトにアクセスしてください。

◆ Tello EDU 公式サイト

　https://www.ryzerobotics.com/jp/tello-edu/downloads

　※ 2020 年 1 月時点の情報です。

　※「Tello」アプリ、「Tello Hero」アプリもありますが、「Tello EDU」アプリをインストールします。

◆「Tello EDU」アプリのアイコン

◆ 「Tello EDU」アプリのインストール

◆ 「Tello EDU」アプリ対応機種

OS のバージョン	対応機種
iOS 10 以降	iPhone 5s、iPhone SE、iPhone 6、iPhone 6 Plus、iPhone 6s、iPhone 6s Plus、iPhone 7、iPhone 7 Plus、iPhone 8、iPhone 8 Plus、iPhone X、iPad mini 4、iPad mini 4 Wi-Fi + Cellular
Android 4.4 以降	Samsung S9 Plus、Samsung S9、Samsung S8 Plus、Samsung S8，Samsung S7 edge、Samsung S7、Samsung S6 Edge、Samsung S6、Samsung Galaxy Note 8、Samsung Galaxy Note 5、Samsung Galaxy Note 4、Samsung Galaxy A8 Plus (2018)、Samsung Galaxy A8 (2018)、Samsung Galaxy A7、Huawei Honor 10、Huawei Honor 9、Huawei Honor 8、Huawei Mate 10 Pro、Huawei Mate 10、Huawei Mate 9 Pro、Huawei Mate 9、Huawei Mate 8、Huawei Honor V9、Huawei Honor V8、Huawei P20 Pro、Huawei P20，Huawei P10 Plus、Huawei P10、Huawei P9 Plus、Huawei P9、Huawei nova 2、Xiaomi 8、Xiaomi 8 SE、Xiaomi MIX 2、Xiaomi MIX 2S、Xiaomi 6、Redmi 4A、OnePlus5、Vivo V7 Plus、Vivo X7 Plus、Vivo X6 Plus、Vivo X6、Google Pixel1 XL、Google Pixel 2、Asus Zenfone 5、Asus Zenfone 5Q、Asus Zenfone 4 Pro、Asus Zenfone 4、Sony Xperia XZ2、Sony Xperia XZ1、Sony Xperia XZ Premium

「Tello EDU アプリ」で飛ばそう！

41

トレーニングステーションで基礎を学ぼう

「Tello EDU」アプリの中にある「トレーニングステーション」は、実機がなくても使える「練習ステージ」です。ドローンの操作に慣れていない場合は、「トレーニングステーション」でドローンのプログラミングに慣れておくことをおすすめします。

「Tello EDU」アプリを起動しよう

最初に、「Tello EDU」アプリを起動します。ホーム画面のアプリのアイコンをタップしてください。

◆「Tello EDU」アプリの起動

宇宙ステーションのような扉が出てきて、自動で開きます。ちょっとワクワクしますね。音楽も流れますので、周りの迷惑にならないように音量を調整してください。

◆ 扉の中へ

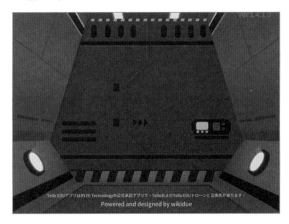

扉が開き、最初の画面が現れます。

◆ 最初の画面

もし日本語になっていない場合は、右上の歯車マークをタップすると言語指定の

ウィンドウが開きますので、そこで変更しておきましょう。

◆ 言語を設定する

トレーニングステーションを起動する

　最初の画面の真ん中にロケットの絵で「トレーニングステーション」と書かれている場所があります。ここをタップしてください。

◆ トレーニングステーションをタップ

　すると、トレーニングステーションの画面が開きます。

◆ トレーニングステーションの画面

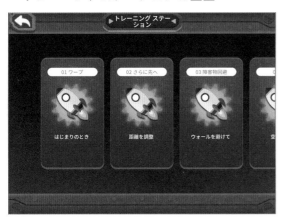

9つの課題に順番にチャレンジ

　トレーニングステーションには、ドローンの操作に少しずつ覚えられるように全部で9つの課題が用意されています。ここでは、最初の課題の操作方法を解説していきます。

「01 ワープ」でブロックの使い方を覚える

　最初の課題「01 ワープ はじまりのとき」をタップすると、「フォン・ダンダン」というキャラクターが出てきて、これから何をするのか、何を学ぶのか教えてくれます。

　最初に教えてくれるのは「この課題ではブロックの動かし方を覚えられる」「最初に飛ぶためのブロックを呼び出す」ということです。フォン・ダンダンのセリフを読んだら、右下のひし形に下矢印をつけたようなマーク(以降「閉じるマーク」)をタップして次の画面に移動しましょう。

◆ フォン・ダンダン登場

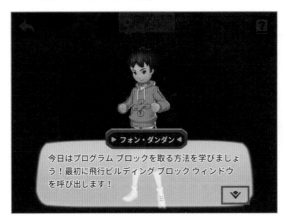

　プログラムのブロックは、役割ごとに左側に表示されるグループに分けられています。まず、左側の「モーション」をタップします。

◆ モーションをタップ

　フォン・ダンダンが出てきて、「タップしてスタート」ブロックの下に「離陸（りりく）」ブロックをくっつければいいことがわかります。解説を読み終わったら右下の「閉じるマーク」をクリックしてください。

◆ 離陸ブロックを選ぼう

すると、「モーション」グループの中に「離陸」というブロックが現れます。

◆ 離陸ブロックが出現

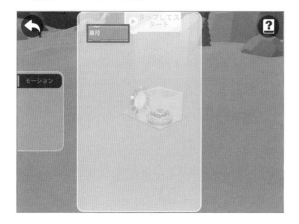

　この「離陸」ブロックをドラッグして、「タップしてスタート」のブロックのすぐ下にくっつけます。

　「離陸」ブロックをドラッグし始めると、移動させる場所を緑の枠で教えてくれます。緑の枠に重なったところで指を離すと、ブロックがくっつきます。

　なお、ブロックを削除したいときは、左側のゴミ箱マークに移動させます。

「Tello EDU アプリ」で飛ばそう！

◆ 「離陸」 ブロックを緑の枠に移動させる

　「離陸」ブロックをくっつけると、フォン・ダンダンが前進するには「前進（ぜんしん）」ブロックを使うことを教えてくれます。読み終わったら、右下の「閉じるマーク」をクリックしてください。

◆ 「前進」 ブロックを使って機体を前進させる

　今度は「モーション」グループの中に「前進」というブロックが出てきました。

◆ 前進ブロックが出現

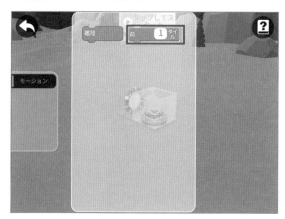

　この「前進」ブロックをドラッグして、先ほどの「離陸」ブロックのすぐ下にくっつけます。「離陸」ブロックと同じように、緑の枠へと移動させます。

◆「前進」ブロックを緑の枠に移動させる

　「前進」（ぜんしん）のブロックの配置に成功すると、フォン・ダンダンが「タップしてスタート」ブロックをタップするとドローンを飛ばせることを教えてくれます。読み終わったら、右下の「閉じるマーク」をタップしてください。

「Tello EDU アプリ」で飛ばそう！

◆「タップしてスタート」ブロックをタップすると飛ばせる

　これで、プログラムが完成しました。動きを確認するために、「タップしてスタート」をタップしてみましょう。

◆「タップしてスタート」ブロックをタップ

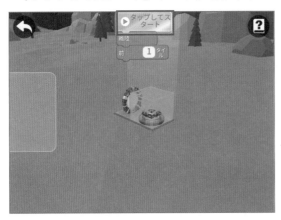

　プログラムのどのブロックを実行中かを表示しながら、ドローンが作ったプログラムにしたがって動いていきます。

◆ 実行中のブロックを表示しながらドローンが飛ぶ

　無事に課題をクリアすると、「SUCCESS」と表示されます。画面中央の「チャレンジを開始！」をタップすると、トレーニングステーションの最初の画面に戻り、次の課題にチャレンジできます。

◆ 「チャレンジを開始！」をタップして最初の画面に戻る

そのほかの課題にも挑戦

　その他の課題も、フォン・ダンダンの解説を読みながら進めていけば、クリアできるようになっています。ぜひ、ほかの課題についても挑戦してみてください。

　課題の中には、Tello では実現できないブロックが入っていることもありますが、プログラミング的な思考をゲーム感覚で楽しく覚えていくには、よい教材です。実機とは別のトレーニングとして、学習に役立てましょう。

◆ トレーニングステーションの課題

番号	タイトル	課題の内容
01	ワープ	はじまりのとき
02	さらに先へ	距離を調整
03	障害物回避	ウォールを避けて
04	上昇	空へ高く
05	練習	復習
06	着陸パッド	着陸パッドで起動
07	発射	ルートを切り開け
08	ドロップ	ドロップして爆破
09	狙い撃て	回転

ブロックを使って
飛ばしてみよう

　それでは、トレーニングステーションで練習したプログラミングのやり方で、画面上のドローンではなく、Tello の実機を飛ばしてみましょう。

　ここからは、主にブロックの使い方を説明していますが、ステップアップしていけるように課題も設定しています。課題に挑戦していく過程で、ブロックの使い方を覚えるだけでなく、自然にプログラミングの基礎が学べ、結果的に論理的思考ができるように工夫しています。

　特に最後の「災害救助」の課題は、東京都にある小学校で筆者らが協力して開催したイベントで使ったものです。保護者の方も、ぜひ一緒に挑戦してみてください。

　なお、飛ばす場所は部屋の中にしましょう。外ですと風に流されてしまうことがありますし、法律や条例で禁止されている場所もあるからです。

◎ ブロック操作の画面を起動

　最初の画面の左下にある、緑色のアイコン「ブロック」をタップしてください。

◆「ブロック」をタップ

　Tello と接続して、プログラムを実行するための画面が出てきます。この画面でプ

ログラムの作成も行います。

　プログラムは、トレーニングステーションで練習したのと同じ要領でブロックを組み合わせて作ります。Tello と接続してから「タップしてスタート」を押すことで、画面上のドローンではなく、実機のドローンが実際に飛びます。

◆「ブロック」画面

Wi-Fi で接続

　接続方法は、第 1 章の「Tello」アプリと同じです。ドローンの電源を入れ、iPhone などのスマートフォンや iPad と Wi-Fi で接続しましょう。設定画面で接続先のドローンを指定します。

・iOS 端末の場合
「設定」→「Wi-Fi」を開き、Tello の SSID「TELLO-xxxxxx」を選択

・Android 端末の場合
「設定」→「ネットワークとインターネット」→「Wi-Fi」を開き、Tello の SSID「TELLO-xxxxxx」を選択

　Wi-Fi での接続が完了してからアプリに戻ると、左上のドローンのマークが緑色になります。

◆ マークが緑色に変わる

Wi-Fi でつながっているのにドローンと接続できない（緑色にならない）場合は、一度ドローンの電源を切ってから入れ直したり、アプリを再起動したりしてみてください。

なかなか接続できない場合は、一度 Wi-Fi のネットワーク接続設定を削除し、再度接続すると接続できる場合があります。また、機体が熱を持っている場合は、小型の扇風機などで冷やすと、接続できるようになることもあります。

接続できたら、トレーニングステーションでプログラムしたのと同じように、ブロックを組み合わせてプログラムを作っていきます。最初に「離陸」ブロックで飛び立たないと飛べないので、忘れずに配置してください。

◆ 最初は「離陸」ブロック

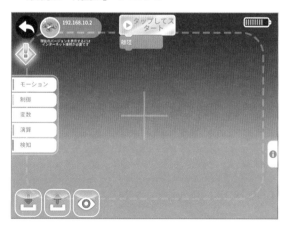

プログラムの最後は、ドローンの着陸です。「着陸（ちゃくりく）」ブロックを「離陸」ブロックの後にくっつけてください。

◆ 最後に「着陸」ブロック

　「タップしてスタート」ボタンをタップすると、プログラムした通りに Tello のプロペラが回転して上昇し、降下して着陸します。必ず、周辺に人がいないこと、物がないことを確認してから飛ばしてください。

フライトシミュレーターで飛ばしてみる

　Tello の実機を飛ばす前に、画面上のシミュレーションで飛行させてみることもできます。画面の下の「目」のマークをタップすると、シミュレーターが起動します。

◆ 「目」のアイコンをタップ

　シミュレーターに切り替えるときにシステムメッセージが表示されたら、「OK」ボタンをタップします。

◆ 「OK」ボタンをタップしてシミュレーターを起動

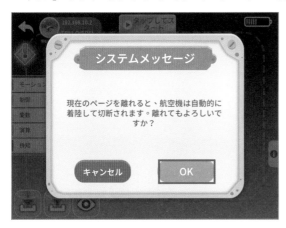

　シミュレーターは、実機と接続していなくても動作を確認できます。実際に飛行させる前の動作確認や、複数人で学習する際に機体の数が限られる場合などに活用してください。

◆ シミュレーター画面

　なお、シミュレーター上のドローンは動きが速いので、「モーション」グループにある「飛行速度○％」ブロックを使って、速度を遅くして確認するとよいでしょう。

　「飛行速度」ブロックは、「モーション」グループでは「飛行速度50％」と表示されています。

◆「飛行速度」ブロック

　「飛行速度」ブロックはドローンを動かさないので、「離陸」ブロックの前にくっつけてもかまいません。「飛行速度」ブロックと「離陸」ブロックをくっつけましょう。

◆「飛行速度」ブロックと「離陸」ブロックを追加

　次に、ドローンを前進させて、そのあと元の位置まで後退させてみます。使うブロックは「前○cm」と「後○cm」です。最後に「着陸」ブロックをくっつけます。
　ブロックをくっつけ終わったら、シミュレーターで飛ばしてみましょう。シミュレーターでも、「タップしてスタート」ボタンをタップするとプログラムが動きます。

◆「タップしてスタート」でシミュレーションを開始

　プログラムを停止したい場合は、右下の「停止（ていし）」ボタンをタップします。

◆「停止」ボタンをタップ

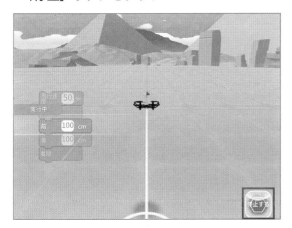

ドローンパイロットの
「舵チェック」に挑戦してみよう

　それでは、実際の機体を使ってプログラムをしてみましょう。ここでは、ドローンパイロットが飛行前に行う「舵チェック」をプログラムすることを考えてみます。

　ドローンパイロットは、コントローラー（送信機）を使って機体を自由自在にコントロールします。コントローラーがきちんと動くかどうか、そして「コントローラーをこれだけ操作すれば機体はこれだけ動く」という想定と実際の動きが一致しているかを、最初に確認します。これが舵チェックです。
　舵チェックでよく行われるやり方は、ドローンを「前」「後」「左」「右」「上昇」「下降」「左回転」「右回転」と順番に1つずつ操作していくというものです。これをプログラミングで実現してみることを考えてみましょう。

　さらにプラスアルファで、前方に回転する「前転」を入れてみましょう。前転はドローンでは、フリップと呼びます。フリップはプロのドローンパイロットでも難しい動作なのですが、プログラムで作るにはどうしたらよいか考えてみましょう。なお、右回転と左回転は長くなるので、ここでは省略します。

▶ヒント
　前のページで「ブロック」の話を出しましたが、もう一度このブロックをよく見てみましょう。「モーション」グループの中にあるブロックは、全部でこれだけあります。これらのブロックだけを使って、プログラムを組んでみましょう。

◆「モーション」グループのブロック一覧

・プログラム例

　離陸した後に「上・下・前・後・左・右・前方フリップ」をし、着陸をするプログラムの例です。

◆ 舵チェックのプログラム例

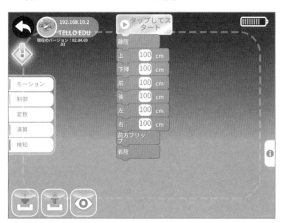

　ドローンがプログラムした通りに飛ぶか、実行して確かめてください。このプログラムはあくまで例なので、他のやり方があってもかまいません。いろいろと試してみてください。

「Tello EDU アプリ」で飛ばそう！

舵チェックプログラムの「順番に実行する命令」は、プログラムの基本の1つです。プログラムは「順次実行」「ループ」「条件分岐」を組み合わせて作りますが、そのうちの「順次実行」ができたことになります。

◯ 「飛行情報」を確認してみよう

ドローンがどのように動いているのか詳しく知りたいときは、画面右端のエクスクラメーションマーク（ビックリマーク）をタップしてみましょう。

◆ エクスクラメーションマークをタップ

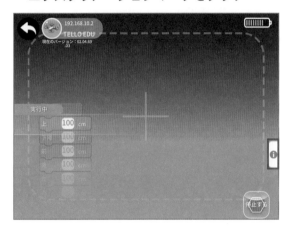

ドローンの傾きや高さといった「飛行情報」が表示されます。これを表示しながらドローンを飛ばすと、どの値がどのように動くかがわかります。

◆ ドローンの「飛行情報」

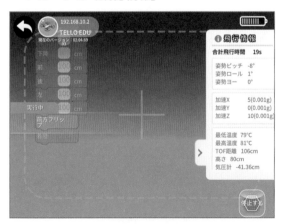

前転・バック転を
連続成功させよう

　体育の授業で前転やバック転をしたことはありますか？　連続で成功すると、カッコいいですよね！　ドローンでも、前転の後にバック転をさせるプログラムを作ってみましょう。

　前節で作ったプログラムの「前方フリップ」ブロックが前転です。それでは、バック転はどうすればよいでしょうか？　「前方フリップ」ブロックの近くに「後方フリップ」というブロックがあるはずです。これがバック転になります。
　さらに一歩踏み込んで、「前転・バック転」を連続でキメてみましょう。人間がやると目が回りますが、ドローンはプログラムで命令すれば何度でもカッコよく実行してくれます。

　さて、「前転・バック転」を連続で実行するのはどうプログラムを組めばいいでしょうか？　挑戦してみてください。最低３回は連続で実行してみましょう。

▶ ヒント
　「制御」グループには、「繰り返し○回」ブロックがあります。「繰り返し○回」ブロックは間にはさんだブロックを繰り返し実行するブロックで、同じ動きを何回もさせたいときなどに便利です。

◆「制御」グループの「繰り返し〇回」ブロック

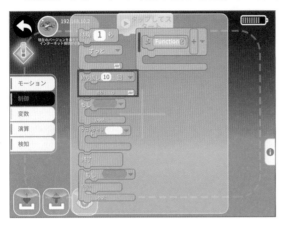

プログラム例

例えば、このようにプログラムを組むことができます。

◆「前転・バック転」のプログラム例

プログラムを実行すると、そのとき実行してるブロックのところに「実行中」と表示されます。「繰り返し〇回」ブロックは下の部分に残りの実行回数が「残り〇」と表示されますが、実行中に回数が減っていきゼロになります。

◆「前転・バック転」のプログラムを実行

　「繰り返し実行する命令」は、プログラムの基本の１つです。プログラムは「順次実行」「ループ」「条件分岐」を組み合わせて作りますが、そのうちの「ループ」ができたことになります。ちなみに「ループ」はほかのプログラムの多くでは、「for」という命令で実行します。

高さを気にする賢いドローンをプログラムしてみよう①

今度は、「天井に近い高さのときは前転しない」という動きをプログラムしてみましょう。前転の動作はカッコいいのですが、天井に近いときに前転の命令を送ってしまうと、ぶつかって壊れてしまうかもしれません。それを防ぐために、天井が近い時には前転させないようにするのです。

ただし、ドローン本体が「天井が近い」ことを知るというのは、とても難しいことです。なぜなら、天井から何 cm 離れているかを測るセンサーが、Tello には付いていないからです。そのかわり、「離陸してから何 cm 浮いたか」を把握することはできます。そのことを利用して、ドローンを制御してみましょう。

◯ ドローンが前転する条件を考えてみよう

ドローンが前転をするのには、50 ～ 100cm くらいの高さが必要です。ドローンから天井まで 100cm くらい距離を置くことを考えてみましょう。また、天井までの高さが 200cm くらいあるとしましょう。すると、床から 100cm までの高さにドローンがあれば、安心して前転できることがわかります。

プログラムでは、ドローンのいる高さが地面から 100cm 以下であれば前転（前方フリップ）させ、そうでなければ前転（前方フリップ）はさせない、とすればよさそうです。

◯ 条件をつけて実行するブロック

「制御」グループには、条件をつけて実行する「もし」ブロックがあります。「もし」ブロックには、上の部分にブロックをはめ込むことができ、間にブロックをはさむことができます。はめ込んだブロックが条件となり、条件に合うときだけはさんだブロックが実行されます。

◆「制御」グループの「もし」ブロック

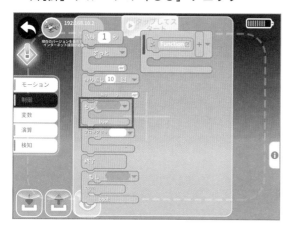

条件を指定するブロック

　ドローンの高さを条件にするには、ドローンの高さを知る必要があります。ドローンの高さは、「検知」グループの「高さ」ブロックで調べることができます。

◆「検知」グループの「高さ」ブロック

　「100cm 未満であるかどうか」判定するためには「演算」グループのブロックを使います。「演算」グループのブロックには１つまたは２つ、「0」と書かれている黄色い部分があります。この部分には数値を入力することや、ほかのブロックを組み合わせることができます。高さが「〜未満」であるかどうかを判定するには、「〇＜〇」ブロックを使います。

「Tello EDU アプリ」で飛ばそう！

◆「演算」グループの「〇＜〇」ブロック

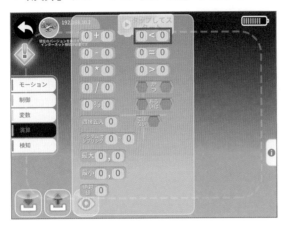

▶ヒント

　ここまで解説したブロックを組み合わせると、「ドローンのいる高さが地面から100cm 以下であれば前転（前方フリップ）させ、そうでなければ前転（前方フリップ）はさせない」プログラムができあがります。

プログラム例

　以下は、プログラムの一例です。

　「もし」ブロックの条件に「〇＜〇」ブロックを使い、「高さ＜ 100」としています。条件に合うときははさんだ「前方フリップ」ブロックを実行します。

◆「高さ 100cm 未満であれば、前方フリップする」プログラム例

　なお、シミュレーターでは高さを検知する部分がうまく動かないようです（2020年 1 月時点）。実機の Tello に接続してプログラムを実行し、確認してみてください。

以下は、実行時の画面例です。

◆「高さ 100cm 未満であれば、前方フリップする」プログラムの実行例

　プログラムがうまくできたら、今度は離陸の直後に「上 150cm」ブロックを加えてから実行してみてください。このプログラムは、天井の高さが 2m（200cm）以上ある場所で実行してください。

◆「上 150cm」を追加

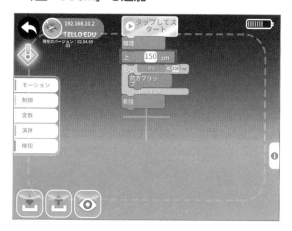

　今度は、高さが 100cm 以上になってから「もし」ブロックで条件を調べるので、はさんだ「前方フリップ」が実行されずに、そのまま着陸したはずです。

　なお、天井の高さは建物によって異なります。天井の近くまで上昇してしまう場合は、高さの数字を変更して実行してみてください。

◆「上 150cm」を追加したプログラムの実行例

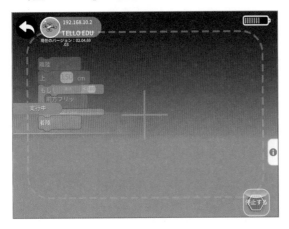

　「条件をつけて実行する命令」は、プログラムの基本の1つです。プログラムには「順次実行」「ループ」「条件分岐」の組み合わせが基本になりますが、その「条件分岐」ができたことになります。ちなみに「もし」はほかのプログラムの多くでは、「if 〜 then 〜」という命令で実行します。また一歩、プログラムの理解が進みましたね。

高さを気にする賢いドローンをプログラムしてみよう②

　天井に当たりそうな高さの時は前転しない、という賢いプログラムを作ることができました。このプログラムを、さらに賢くしてみましょう。ドローンが前転できない高さにあるときは、下降してから前転すればよさそうです。

高さによってプログラムを分ける

　ドローンの高さが「100cm 未満だった場合」と、「100cm 以上だった場合」で別々のプログラムを実行させてみましょう。これを、プログラムの世界では「条件分岐」とよびます。ある条件（今回はドローンの高さ）に合うか合わないかで、実行される処理が分岐するようにするのです。

　「条件分岐」には、「制御」グループの「もし～でなければ～」ブロックを使います。「もし～でなければ～」ブロックは、「もし」ブロックと形が似ていますが、はさむ部分が 2 つあります。「もし」ブロックと同じように条件を調べて、条件に合うときは上にはさんだブロックを、条件に合わないときは下にはさんだブロックを実行します。

◆ 「制御」グループの「もし～でなければ~」ブロック

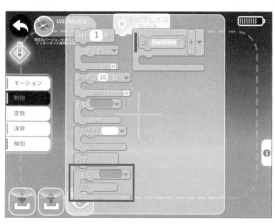

▶ヒント

　解説したブロックを組み合わせると、「高さ100cm以下であれば前方フリップする。そうでなければ150cm下降してから前方フリップする」プログラムができあがります。

プログラム例

　以下は、プログラムの一例です。

◆ 高さによって条件分岐するプログラムの例

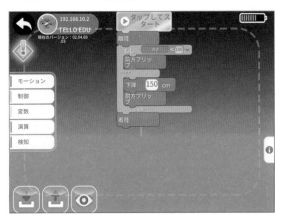

　実機のTelloに接続して、実行してみてください。前方フリップだけ実行されたはずです。

◆ 高さによって条件分岐するプログラムの実行例

今度は、離陸の直後に「上150cm」のブロックを加えてみましょう。

◆「上150cm」を追加

　実機の Tello に接続して、実行してみてください。今度は上昇した後、下降して十分な高さを確保してから前方フリップを実行したはずです。

◆「上150cm」を追加したプログラムの実行例

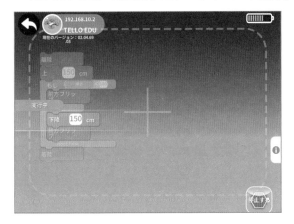

　これも、「順次実行」「ループ」「条件分岐」の中の「条件分岐」です。ちなみに「もし〜でなければ〜」はほかのプログラムの多くでは、「if 〜 then 〜 else」という命令で実行します。

永久に仕事を繰り返すドローンを プログラムしてみよう

　ドローンの高さを検知して、条件分岐するプログラムを作ることができるようになりました。今度は、この動作を永久に繰り返すプログラムを作ってみましょう。実際にはバッテリーの持ち時間の関係もあり永久というのは不可能ですが、「永久に仕事をする」という発想はとても大切です。

　「永久に仕事をする」機械は存在しませんが、身近なところでそれに近いものをみなさんも見たことはあるかもしれません。そう、「水車」です。水車は川の流れを利用して回転し、水車小屋の中で杵を上下させ、臼（うす）の中にある小麦粉を引くのです。川が流れている限り、そして水車が壊れない限り、ずっと動き続ける装置です。

　そのようなイメージを頭のなかに描いて、ドローンを永久に上下運動させるためのプログラムを作るためにはどのようにすればよいか、考えてみましょう。

　せっかくなので、前回作った「高さを検知する」プログラムを応用してみましょう。ドローンの高さが 100cm 以下だったら上昇する、ドローンの高さが 100cm より高かったら下降する、という条件分岐があれば、まずは 1 回の仕事が終わります。

　このブロックを何個も並べればいいのですが、それだと「永久に」続けさせるためには、永久にブロックをつなげなければいけません。そうではなく、「何度も繰り返す」という命令を出してあげることができれば、いくつもブロックを並べなくても永久に繰り返すことができそうです。

プログラムを何度も繰り返す

　繰り返しを実現する方法の 1 つを紹介しましょう。「制御」グループの「ずっと」ブロックを使うというものです。「ずっと」ブロックは、間にはさんだブロックを繰り返し実行します。実行回数に制限はありません。

◆「制御」グループの「ずっと」ブロック

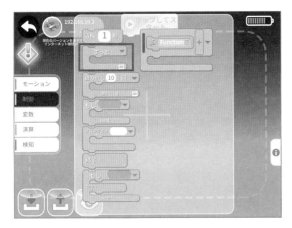

▶ ヒント

解説したブロックを組み合わせると、「永久に上下運動させる」プログラムができあがります。

プログラム例

以下は、プログラムの一例です。「高さが100cm未満であれば100cm上昇する、そうでなければ100cm下降する」というブロックを作り、「ずっと」ブロックではさみます。

◆ 永久に上下運動させるプログラムの例

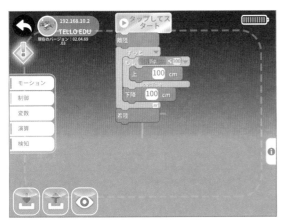

実機のTelloに接続して、実行してみましょう。バッテリーが続く限り、永久に上下に動き続ける「永久ループ」になっているはずです。

◆「永久に上下運動させる」プログラムの実行例

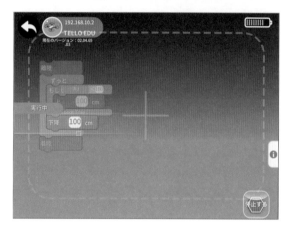

　ドローンがいつまでも動き続けていると困ります。途中で終了したいときは、右下の「停止する」をタップしてください。

　「停止する」がうまくいかない場合は、「タップしてスタート」以下のプログラムを「着陸」ブロックと入れ替えます。「タップしてスタート」のすぐ下に、「着陸」ブロックがくっついた状態になります。その上で「タップしてスタート」を押すと、着陸するプログラムが実行され、地面に着陸します。

今何回目かわかる
プログラムにしてみよう

　永久ループのプログラムの作り方はわかりましたが、「今ループの何回目なんだろうか?」という疑問がでてきませんでしたか?

　何回目なのか数えるためには、指を折ったり、メモ用紙に書き込んだり、なんらかの形で数字を控えておかないと、永久ループではすぐに忘れてしまいます。そこで、何回目のループなのかをカウントするプログラムにします。

　どのようなプログラムを作ったらよいか、考えてみましょう。

◯ プログラムでメモをとる

　カウントをするということは、指を折って数えるとか、メモ用紙に数を書き留めておくなどの手段がありますね。この「メモ用紙に書き留めておく」のと同じことをプログラムで実現してみましょう。

　「メモ用紙」にあたるのが、プログラムの世界では「変数」にあたります。「変数」グループを見てみましょう。

◆ 「変数」グループ

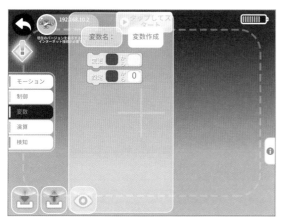

　「変数」と聞くと、数学の授業を思い出して難しいというイメージを持つ方もいる

かもしれません。プログラムの中での「変数」とは、「数字を保存しておく箱」といわれることも多いのですが、もっと日常的なものにたとえると「メモ用紙」だと考えることができます。

　いろいろな数字をメモしておくために、何枚ものメモ用紙を机に並べて、そこに記入していく様子をイメージしてください。

　メモ用紙には、どんなことを記入するのかタイトルを書いておきます。これが「変数名」です。変数名はなんでもよいのですが、プログラミングの本ではよく英数字の「i」という変数名が出てくるので、今回も「i」という変数を使いましょう。

　変数名を入力して、「変数作成」ボタンをタップすると、新しく変数ができます。

◆ 変数名「i」を入力して「変数作成」をタップ

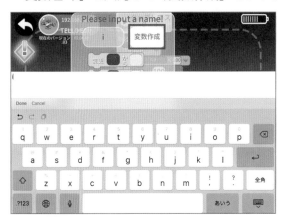

◆ 変数の作成が完了

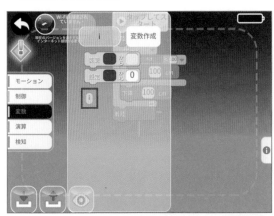

▶ヒント

解説したブロックを組み合わせると、「何回目のループなのかをカウントする」プログラムができあがります。

プログラム例

以下は、プログラムの一例です。

◆「何回目のループなのかをカウントする」プログラム例

繰り返している回数を数えるときは、最初に数字をリセットする必要があります。ストップウォッチを計測する前に一度 0 秒にリセットするのと同じと思ってください。それには「変更 i から 0」ブロックを作って最初にセットします。これは「i=0」とプログラムで書いたのと同じことになります。「i」と名付けたメモ用紙に、「これまでの値は全部無視して 0 という数字を上書きしてください」という命令です。

そして、永久ループの最後に「変更 i から i+1」というブロックを作ってはさみます。これは「i=i+1」とプログラムで書いたのと同じことになります。「i」と名付けたメモ用紙に、「これまでの値に 1 を足した数を上書きしてください」という命令になります。

実機である Tello に接続してプログラムを実行すると、ループを 1 回終えるごとにカウントが増えていく様子がわかります。「変数ステータス」という表示部分に、変数 i の数字が表示され、実行されるたびに数字が変わっていくことが確認できます。

永久ループですので、どこまでも続いて数えていきます。

◆「何回目のループなのかをカウントする」プログラムの実行例

　永久に動き続けていると困るので、停めたい場合は右下の「停止」を押してください。ドローンが自動着陸します。

　うまくいかない場合は、「タップしてスタート」以下のプログラムを「着陸する」というブロックと入れ替えます。その上で「タップしてスタート」を押すと、着陸するプログラムが実行され、地面に着陸します。

永久ループに
限界を設定してみよう

　永久ループというプログラムは、とても強力です。ですが、それは永久にエネルギーを使い続けるという危険なものでもあります。部品も消耗するので、早く故障する原因にもなります。

　そこで、永久ループのなかに「限界」を作って、その限界を超えたら終了するようなプログラムを作っておくことが、現実には必要になってきます。

　どのようにプログラムを作ればよいか、考えてみましょう。

▶ヒント

　前回行った「カウントする」機能をうまく使ってみましょう。「○回以上実行したら終了する」という仕組みにすることで、「限界」を設定できます。

プログラム例

　以下は、プログラムの一例です。

　これまで使ったブロックを組み合わせて、プログラムを作ります。このようにプログラムを作ることで、永久ループに「限界」を設定することができます。

◆「○回以上実行したら終了する」プログラム例

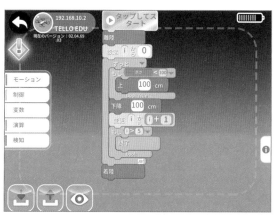

実機の Tello に接続して、プログラムを実行してみましょう。6 回ループしたあと終了します。

◆「○回以上実行したら終了する」プログラムの実行例

ここでのポイントは、「i>5」です。5 回よりも多ければ終了するという判定のとき、5 回目ではまだ終了せず、6 回目にこの判定を行うときに終了するので、ループは 6 回実行されるのです。

◆「i=5」のとき

「Tello EDU アプリ」で飛ばそう！

◆「i＝6」のとき

　もし、うまく終了しないときは、永久に動き続けていると困るので、右下の「停止」を押してください。ドローンが自動着陸します。

　もし、それがうまくいかない場合は、「タップしてスタート」以下のプログラムを「着陸する」というブロックと入れ替えます。その上で「タップしてスタート」を押すと、着陸するプログラムが実行され、地面に着陸します。

空中に四角形を描いてみよう

　最近では、LED をつけたドローンが何台も夜空を舞う映像をよく見るようになりました。あのドローン・ショーも、プログラムを使っています。複雑な動きをプログラムするのはなかなか大変です。まずは、基本となる「四角形を描く」ことから挑戦してみましょう。

　また、安全のために「これまでよりゆっくりしたスピードで飛ぶ」ことを考えましょう。さらに、自宅で試す場合は天井の高さがあるため、四角形は平面上（横方向）に描くことにします。

　どのようにプログラムすればよいか、考えてみましょう。

▶ヒント

　順を追って考えていきましょう。実は 4 回同じことを繰り返すだけで、四角形になるのです。

①ゆっくりしたスピードで前進する
②進む向きを変える（90 度回転する）
③ゆっくりしたスピードで前進する
④進む向きを変える（90 度回転する）
⑤ゆっくりしたスピードで前進する
⑥進む向きを変える（90 度回転する）
⑦ゆっくりしたスピードで前進する
⑧進む向きを変える（90 度回転する）

　結構単純ですね。ですが、同じことを何度も繰り返しているので、ブロックが多くなります。プログラムでは、何かを繰り返す実行させるとき「関数」という機能を使います。ここでも、「関数」を使って、ブロック数を減らすことを考えてみましょう。

　関数のブロックは、「制御」グループの「Function」ブロックです。

◆「制御」グループの「Function」ブロック

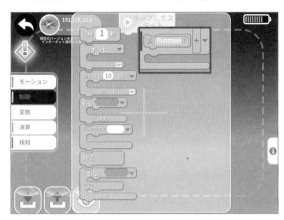

関数を作る

　たとえば、①のステップは、「slowforward」という関数を自分で作ることで、新しいブロックのように作ることができます。ブロックの名前は「Function」をタップすると変更することができます。自分がわかりやすい名前に付け替えて保存してください。

　右側の黄色い大きなブロックの中に、「飛行速度50％（普段の半分のスピード）」と「前100cm」というブロックがあり、それらが1つの「slowforward」というブロックとなっています。この「slowforward」が「関数」と呼ばれるものです。

◆「Function」ブロックの使い方

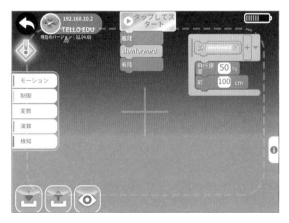

　関数のブロックは1つのブロックのように扱えるので、離陸と着陸の間に挟むことで、「ゆっくりしたスピードで前進する」ことが実現できました。

　このブロックは、下記のステップの中の①③⑤⑦で全て共通で使えます。

①ゆっくりしたスピードで前進する

②進む向きを変える（90 度回転する）

③ゆっくりしたスピードで前進する

④進む向きを変える（90 度回転する）

⑤ゆっくりしたスピードで前進する

⑥進む向きを変える（90 度回転する）

⑦ゆっくりしたスピードで前進する

⑧進む向きを変える（90 度回転する）

　ブロックを繰り返し使うのではなく、新しく自分で作った「関数」を 1 つのブロックとして、何度も使うのです。

▶ヒント

　「進む向きを変える」を挿入することで、四角形を描くことができます。どのようにプログラムすればよいか、考えてみましょう。

プログラム例①

　解答例の 1 つは、以下のようなプログラムです。

◆ 四角形を描くプログラム例①

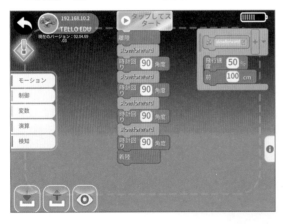

▶ヒント

　プログラム例①は、少し長いプログラムになっています。もう少し短くできるので、考えてみましょう。ヒントは、「4 回同じことを繰り返している」という点です。

プログラム例②

解答例は、以下のプログラムです。

「繰り返し」のブロックを使って、短くしています。

◆ 四角形を描くプログラム例②

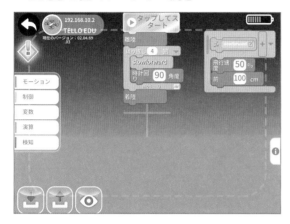

　関数とは「新しく自分でブロックを作ること」でもあるとわかりましたか？　また、繰り返しのブロックを使うことで、プログラムがすっきりしました。この例を応用すると、五角形や六角形などの複雑な図形も描けるようになります。

空中に五角形や六角形、十二角形を描いてみよう

　前の節で作ったプログラムを使うと、五角形や六角形も描けます。さらに応用編として、十二角形まで簡単にプログラムできます。

　まずは五角形に挑戦してみましょう。前のページで作ったプログラムのどこをどのように改良したらよいか、考えてみましょう。

▶ヒント①

　繰り返し回数と、回転する角度を変えればいいのです。では、回転する角度は、90 度から何度にすればよいでしょうか？

▶ヒント②

　四角形は 5 つの頂点（角）があるから「四角」なのです。1 周が 360 度なので、360 ÷ 4 = 90 となり、90 度回転すればよかったわけです。

プログラム例（五角形）

　五角形は、5 つの頂点（角）があるから「五角」です。1 周は 360 度なので、360 ÷ 5=72 となり、72 度回転すればよいことがわかります。

◆ 五角形を描くプログラム例

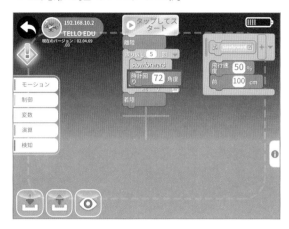

それでは、この調子で六角形も作ってみましょう。

プログラム例（六角形）

今度は、繰り返し回数を 6 回にして、回転する角度を変えましょう。六角形は、6 つの頂点（角）があるから「六角」です。1 周は 360 度なので、360 ÷ 6 = 60 となり、60 度回転すればよいのです。

◆ 六角形を描くプログラム例

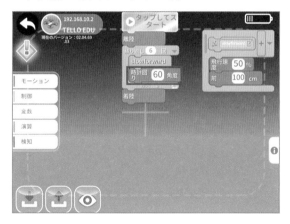

七角形になっても、八角形になっても、考え方は一緒です。それでは、一気に「十二角形」に挑戦してみましょう。

プログラム例（十二角形）

今度は、繰り返し回数を 12 回にして、回転する角度も変えます。十二角形は、12 つの頂点（角）があるから「十二角」です。1 周は 360 度なので、360 ÷ 12 =

30 となり、30 度回転すればよいのです。また、12 回 100cm 進むには広いスペースが必要になってしまいますので、前進する距離を 100cm から 30cm と短く設定しましょう。「slowforward」関数内の前進の量を 30cm に変更します。

◆ 十二角形を描くプログラム例

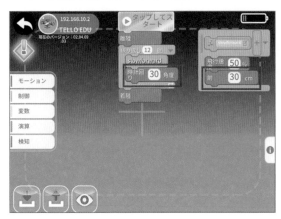

　このように、いくつもの頂点（角）がある図形を「多角形」と呼びます。ドローンで多角形を空中に描くには、回転する角度と繰り返し回数がポイントになります。そして、それをプログラムで実現するために、「関数」や「繰り返し」というブロックを組み合わせることで、すっきりしてわかりやすく、他の図形にも応用できるプログラムになります。

　「すっきりしてわかりやすく、他にも応用できる」というのは、プログラムを作るときにとても大切な考え方です。そういったプログラムは「美しい」とすらいわれます。プログラムを作ることを職業としている人たちは、そのような「美しい」プログラムを意識しながら仕事をしています。
　いろんなブロックの使い方を学ぶことで、「美しい」プログラムが作れるように、色々試してみてください。

ミッションに挑戦！　災害救助

　章の最後に、課題に挑戦してみましょう。この課題は、東京都にある小学校で筆者らが協力して開催したイベントで使ったものです。保護者の方も、一緒に挑戦してみてください。

課題概要

　「病院から薬をドローンで届ける」ミッションです。病院から離陸して、まっすぐ学校に向かって飛びます。学校で一度着陸してから、今度は山の中の遭難者に薬を届けに行きましょう。そして最後は、病院に戻ってきてください。それぞれの位置関係から、直角三角形を描くイメージです。

◆ 課題のイメージ

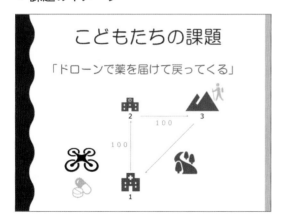

▶ **保護者の方へ**

　この課題で重要なポイントは、「どの方向に進むか」ということと、「どのくらいの距離を進むか」ということです。行きたい方向に行くには「機種の向きを変える（90度時計回りに回転するだけでなく315度回転するなど）」「進む方向を変える（例：前へ進むだけではなく右へ進むなど）」など、いくつかの方法があります。

　今回は「二等辺三角形」です。斜辺の長さはどれくらいでしょう？　計算する子もいれば、実際に足で歩いて測ったり、巻き尺がほしいという子もいるかもしれません。分度器がほしい、という子もいるかもしれません。方向と距離に着目して、子供の自由な発想を「それ、いいかもね」と承認する姿勢を示し、必要な手助けをしてあげてください。

　また、実際に社会で使われる様子を思い浮かべながら、プログラムしてみるのもよいでしょう。是非、一緒に挑戦してみてください。

　このミッションのプログラム例は巻末にあるので、参考にしてください。

この章のまとめ

　いかがだったでしょうか？　実際にアプリに触れてプログラムをすることで、いろんな創意工夫をする意欲が湧いてきたでしょうか？　また、課題がうまく行った時の達成感を、一緒に取り組んだ人と共有できたでしょうか？

　プログラム例を紹介していますが、別の方法も何通りかあるはずです。また、数字を変えてみたり、ブロックを１つ追加して少し変えてみるとどのように動作するか確かめるなど、色々いじってみることが大切です。頭のなかではできることはわかっていても、実際に動かしてみるとその通りにならないということもあります。そんなときに「なぜだろう？」と考え、自分なりに解決していくことが成長にもつながると思います。

　プログラム例は「解答」でも「お手本」でもなく、「ひとつの例」として考え、いろいろ工夫してみてください。

Chapter **3**

ミッションパッドで
制御しよう！

ミッションパッドを使おう

　この章では、「ミッションパッド」の使い方について解説を行います。Tello EDU にだけ付属するこのアイテム、一体何のためにどう使うのか、実際に試しながら理解していきましょう。

　Tello EDU には、ミッションパッドと呼ばれる正方形のボードが 4 枚付属しています。それぞれ表と裏に異なる模様が描かれており、全部で 8 種類の模様があります。
　このミッションパットですが、大きく 2 つの役割があるようです。

- マーカー
- ドローンの向いている向きに関係なく制御するための「原点」と「軸」を決める

　1 番目の「マーカー」としての機能ですが、Tello EDU に「前進 100cm」と指示しても、ぴったり 100cm とはいかず、誤差が出てしまいます。そこで、ミッションパッドを地面に置くことで、その位置を目指して微調整をさせることができます。また、ミッションパッド○番の上だとフリップする、というような条件に使うことも想定されているようです。

　この「マーカー」という機能は、現実の世界でも使われようとしています。食べ物や飲み物、災害時の救急用物資をドローンで運ぶとき、着陸地点に二次元バーコードのようなマーカーをおいておき、そこにぴったりと着陸するような仕組みが実験で試されています。この着陸地点は「ドローン・ポート」という言い方をされることもあります。
　そのうち、車の上や、コンビニエンスストアの屋上、河原など、みなさんの周りでも「ドローン・ポート」を見かけるような時代がくるかもしれませんね！

　2 番目の「向きに関係なく制御」する機能ですが、現実世界に「原点」と「軸」を持たせるということです。

　通常ドローンは、向いている向きを常に把握して前後左右を指示しなければなりません。「X方向に100cm」と指示しても、ドローンの向いている方向が変わる度に動く方向が変わってしまいます。

　Tello EDUに付属しているミッションパッドは、正方形の一辺にロケットが描かれており、そのロケットの進む方向が「X軸」を表しています。「軸」があると、「X方向に100cm」という指示を出すこともできます。

　さらに、ミッションパッドの向きを変えることで、「X軸の向いている方向」を変えることができます。ミッションパッドは、1枚1枚が独自の座標系を持っている、ということになります。

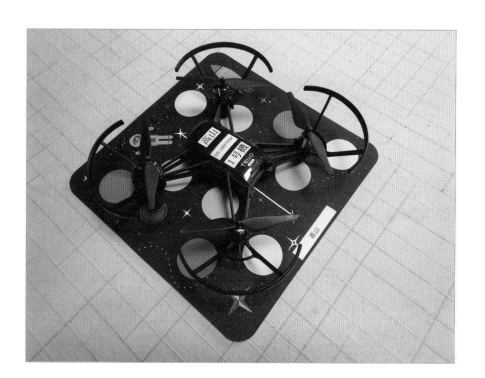

ブロック解説

　それでは、ミッションパッドを使ったプログラムの作り方について、解説して行きます。ミッションパッドの役割を理解するため、まずはミッションパッドなしの動作を確認するところから初めてみましょう。

◎ ミッションパッドなしの XYZ 方向の制御

　まずは、ミッションパッドを使わず、「XYZ」方向に動かすプログラムを作って実行してみてください。

◆ 「XYZ」方向に動かすプログラム例

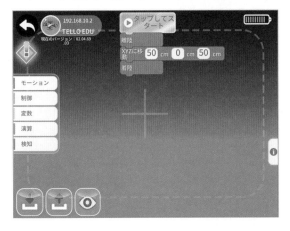

　前進しながら上昇したのが確認できたでしょうか。これは、離陸してホバリングした地点を原点、ドローンの前方を X 軸として、前方に 50cm・上下方向に 50cm 移動するという命令になっているからです。

　なお、ドローンの向きと XYZ 軸の関係は、下記の通りです。数学で使う座標と少し向きが違うので、注意してください。

◆ ドローンの向きと XYZ 軸の関係

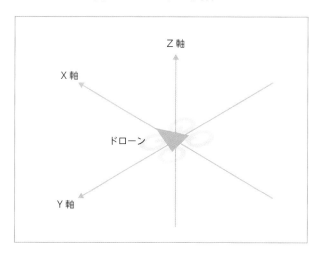

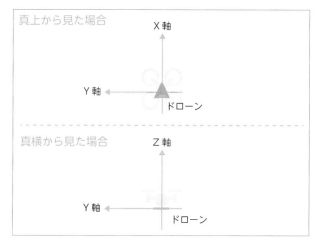

ミッションパッドを使った XYZ 方向の制御①

　それでは、ミッションパッド「1」を用意してください。先ほどドローンを置いたときのドローンの向きと、ミッションパッドのロケットの向きを同じ方向に配置し、ミッションパッドの上にドローンを置いてください。ドローンの前方が X 軸のプラスの方向です。

◆ ドローンの向きとミッションパッドのロケットの向きを合わせる

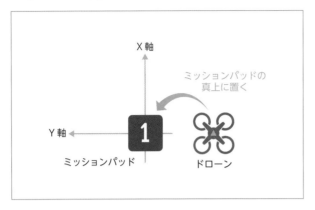

この状態で、下記のプログラムを実行してみてください。

◆ ミッションパッドを使った「XYZ」方向に動かすプログラム例

　前進しながら下降したのが確認できたのではないでしょうか。なぜ、先ほどとは異なる動きをしたのでしょうか？　それは、地面に置いたミッションパッドを原点として制御したからです。

　先ほどは、離陸したあと上昇し、その地点を原点としてX軸方向に50cm、Z軸方向に50cm動かす、という命令でした。今度は、ミッションパッドを原点としてX軸方向に50cm、Z軸方向に50cm移動する、という命令になっています。離陸すると約100cm上昇するため、地面から50cmの位置に移動するためには、50cm下降しなければならないので、先ほどとは上下逆の動きになったわけですね。

◆ ミッションパッドを原点とした制御

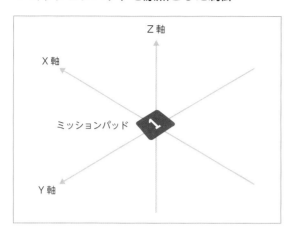

ミッションパッドを使った XYZ 方向の制御②

　では、今度はドローンの向きを時計回りに 90 度変えて、同じプログラムを実行してみましょう。ミッションパッドは変えてはいけませんよ（ドローンの向きだけを変えます）。

◆ ドローンの向きを時計回りに 90 度変える

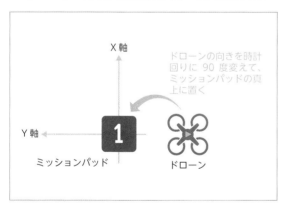

　この状態で、もう一度先ほどのプログラムを実行してみましょう（プログラムの内容は変えません）。

◆ ドローンの向きを変えてプログラムを実行する

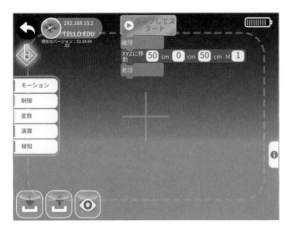

　ドローンは 90 度回転したので、先ほどとは違う方向に進むかと思いきや、先ほどと同じ方向に進んだことが確認できたのではないでしょうか。つまり、ドローンにとって「左方向に進みながら下降」したことになります。これは、「X 軸」がどちらかを、ミッションパッドによって固定したからです。

　ドローンが向いている方向に関わらず、ミッションパッドを中心に移動する量・方向を指示することができることがわかりました。

災害救助のプログラムに
ミッションパッドを使ってみよう

それでは、2章で実践した災害救助の「ミッション（課題）」に、ミッションパッドを使ってみましょう。

病院をミッションパッド1、学校をミッションパッド2、山をミッションパッドとしたとき、どんなプログラムになるか、考えてみましょう。今度は、ミッションパッドの向きもポイントになります。

◆ ミッションパッドを使った災害救助①

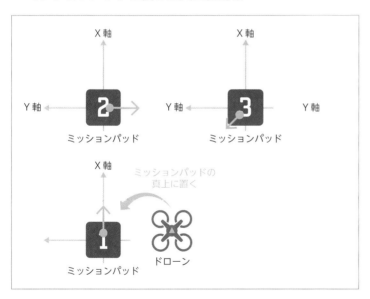

◆ 災害救助のプログラム例①

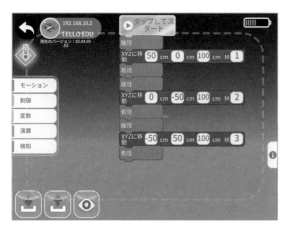

　ミッションパッドの向きを変えることで、このようなプログラムにすることもできます。

◆ ミッションパッドを使った災害救助②

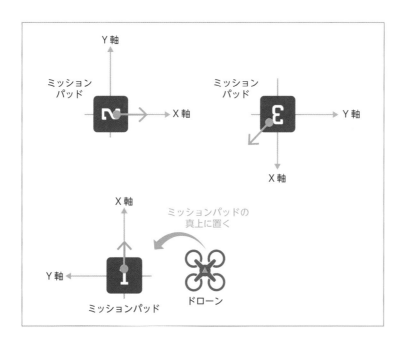

◆ 災害救助のプログラム例②

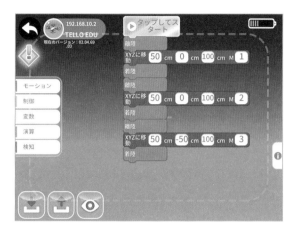

　ここに示したのは、一例に過ぎません。ほかにもいろいろ考えられますので、一緒に試してみてください。

ミッションパッドで制御しよう！

ミッションに挑戦！
星を空中に描く

　オリンピックの開会式や、イベントなどで LED を搭載したドローンが、空中に美しい絵を描いている動画を見たことはありますか？これもプログラムを使っています。一度に何台も制御するのはとても難しいことですが、1 台を制御することをまずは試してみましょう。

　ここでは、ドローンを動かして空中に星の形を描いてみましょう。

◎ XY 平面上に星を描く（ミッションパッドなし）

　星の形はどう描けばいいか、考えてみましょう。最初から立体を目指すと難しいので、まずは平面（XY の向き）で動かすプログラムに挑戦してみましょう。まずは、ミッションパッドを使わない場合で考えてみます。

　▶ヒント
　星の形は、右図のような角度で進んでいけば描くことができます。

◆ 真上から見たドローンの進み方

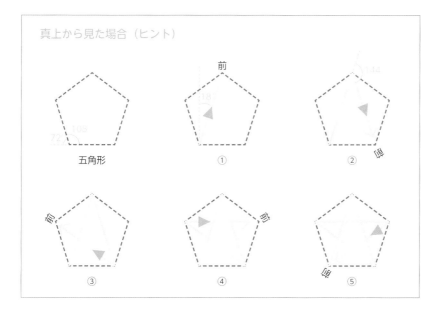

プログラム例

星の形を描くプログラム例です。

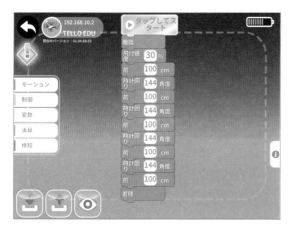

動画もありますので、是非ご覧ください（YouTube に移動します）。

◆ 映像〜 Tello EDU プログラム飛行「空中に星を描く その 1」

(https://youtu.be/bcVWHsgMLwo)

◯ XY 平面上に星を描く（ミッションパッドあり）

　XY 平面上に星を描くプログラムができましたが、角度の計算が複雑で難しいです。そこで、もっと簡単なプログラムができないか考えてみます。

　ミッションパッドを 5 枚、五角形の頂点の位置に置いて、順番に着陸していくようなプログラムを作ってみましょう。

◆ ミッションパッドの配置例

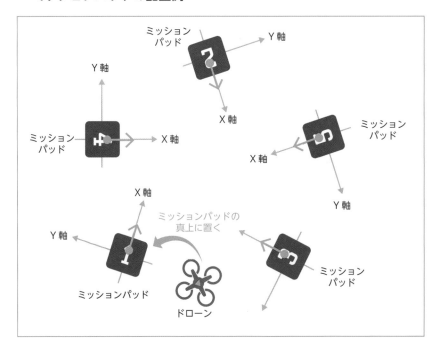

◆ ミッションパッドを 5 枚使ったプログラム例

動画もありますので、是非ご覧ください（YouTube に移動します）。

◆ 映像〜 Tello EDU プログラム飛行「空中に星を描く その 2」

(https://youtu.be/e_Flc84VTNk)

ミッションパッドの配置を変えるだけで、シンプルなプログラムになりました。

YZ 平面上に星を描く（ミッションパッドなし）

　それでは次に、立体（YZ の向き）で移動するプログラムに挑戦してみましょう。花火のように、正面からみても星とわかるような動きになります。ミッションパッドは空中には置けません。よって、今度はミッションパッドなしでプログラムすることになります。

▶ヒント

先程の図を、今度は真横から見ることになります。

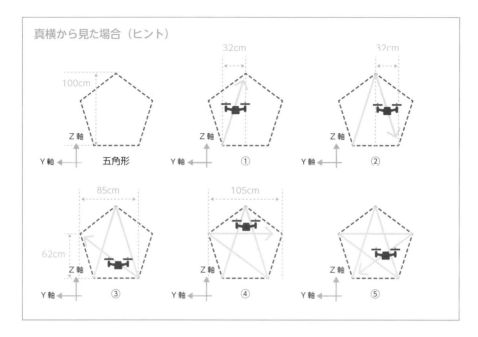

プログラム例

プログラム例は巻末にあります。考えてみてから、参考にしてみてください。

動画もありますので、是非ご覧ください（YouTube に移動します）。

◆ 映像〜 Tello EDU プログラム飛行「空中に星を描く その 3」
（https://youtu.be/l0KVHnjAi8g）

このような制御ができると、暗い場所でドローンに LED を積んで空中に美しい絵を描いたりすることもできるようになります（ただし、Tello EDU は、暗い場所では位置を特定できずプログラム通りに動かないようなので、ご注意ください）。

また、この考え方は、将来的に 2 台同時に制御するような場合にも応用が利きます。

この章のまとめ

　ミッションパッドを使うことで、難しくなった反面、いろいろと試行錯誤してみるパターンが増えました。ドローンの向きを変えたり、ミッションパッドの向きを変えたりしながら、試してみてください。予想通りの動きをした場合も、そうでない場合も「なんでこうなったんだろう？」という疑問を共有しながら進めてみてください。

障害物レースに挑戦

　ドローンを使って、障害物レースに挑戦してみましょう。このテーマは、東京都にある小学校で筆者らが協力して開催したイベントで使ったものです。保護者の方も、一緒に挑戦してみてください。

障害物レースのルール

　実際にイベントで使われた時のルールは、下記の図の通りです。

◆ 障害物レースのルール

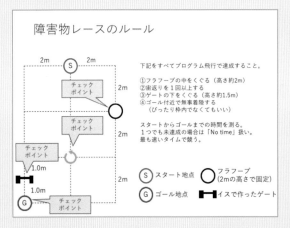

　お手本は伝えず、クリアしなければならないチェックポイントを示して、あとは自由にプログラミングを楽しんでもらいました。ミッションパッドがなくても、子供達はチーム内で試行錯誤しながら、最短時間でゴールできるように楽しんでいました。

　最初から全部プログラミングしようとするのではなく、チェックポイントの1つ1つを丁寧に積み重ねていくことがポイントだと筆者は思っています。

プログラム例

　下記にプログラム例を示します。

　このほかにも、いろいろな動かし方があるので考えてみてください。

◆ 障害物レースのプログラム例①

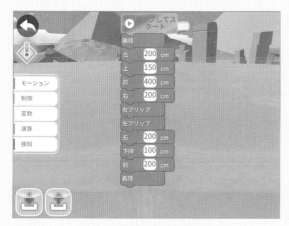

◆ 障害物レースのプログラム例②

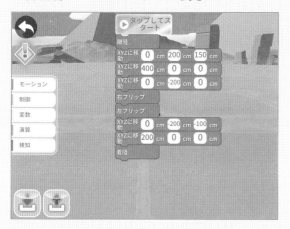

　皆さんもこのようなコースを考えてみてください。そして、ミッションパッドを使った例は示していません。ぜひミッションパッドを使ったプログラムも考えてみてください！

Chapter 4

プログラミングの
学び方を学ぼう！

動物の動きをまねてみよう!

　2章、3章では、ブロックの基本的な操作を学び、図形を描くなどのミッションを達成するためにいろいろなプログラムを組みました。本章では、課題の抽象度を上げ、ドローンに「どんな動きをさせるのか」というところから自分で考えていきます。ここでは、筆者らが小学校で行っているドローンプログラミング体験会の実践内容をもとに、ドローンプログラミングを通して「学び方を学ぶ」方法も同時に紹介していきたいと思います。体験会はグループワークで行います。ぜひお友達や保護者の方と一緒に取り組んでみてください。

　ロボットを動かしてプログラミングを学ぶ教材は多いですが、「ドローン」が持つ特徴は「空間を自由に動き回ることができる」という点です。この特徴を利用して、ドローンにいろいろな動きをさせてみましょう。

　たとえば、空中を自由に飛び回るものには何があるでしょうか？　飛行機はもちろん、鳥や虫も空を飛ぶことができます。ボールも、投げれば空中を飛んでいるといえます。ジャンプするものはどうでしょうか？　うさぎやカエル、人間もジャンプします。空中でなくても「動くもの」で考えれば、地上を動き回るものや水中を泳ぐもの、スピードも歩いたり走ったりとさまざまです。では、ドローンを動物に見立ててみると、どんな動きができるでしょうか。ここからは、いろいろな動物の動きをドローンでまねしてみましょう。

「うさぎ」の動きを考えてみよう

　まず、うさぎの動きをまねしてみます。次のワークシートを参考に、うさぎの動きを思い浮かべ、どのようにブロックを組み立てるかを考えてみましょう。ワークシートの「どんな動物？」というところは、動物名の「うさぎ」だけでなく「○○なうさぎ」のように、できるだけ具体的にイメージしてみてください。

◯ 考えてみよう！

ワークシートに自分の考えを書き出してみよう

どんな動物？
元気なうさぎ
動きの特徴は？
ぴょんぴょん飛ぶ キョロキョロする 耳を動かす
どんなプログラムをするとその動物に見えるかな？
上や下に動かす フリップ（宙返り）する 同じ場所にとどまって左右に顔を動かす
ブロックを組み立ててプログラミングしてみよう
離陸する ↓ 上へ ↓ 前方フリップ ↓ 下へ ↓ 着陸など

いろいろなプログラムが考えられると思いますが、ここではワークシートを例に進めていきましょう。

 やってみよう！

ブロックを組み立てプログラミングしよう

　　ワークシートで考えたブロックを組み立てて、早速プログラミングしていきます。2章と同じように、「Tello EDU」アプリを立ち上げて「ブロック」画面でブロックを組み立てていきます。

　　まず、画面の左にあるメニューの一番上「モーション」をタップします。ブロックの一覧から「離陸」ブロックを選び、画面上にドラッグして「タップしてスタート」にくっつけましょう。

◆「離陸」ブロックを画面上にドラッグ

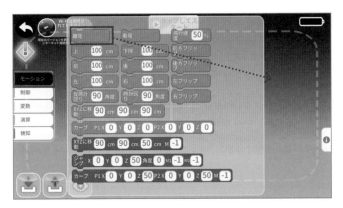

◆「離陸」ブロックを「タップしてスタート」にくっつける

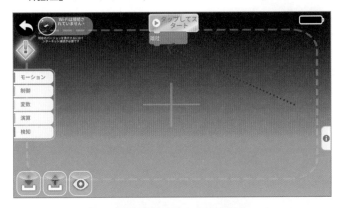

　「タップしてスタート」に「離陸」ブロックがくっつきました。次に動作させるためのブロックを「モーション」から選び、ドラッグして「離陸」ブロックの下につなげていきます。

　たとえば、「上」というブロックを選び「離陸」ブロックにくっつけます。ブロックの右側に数字を入れる欄があります。最初から「100」㎝という数字が入っていますが、もっと高くあるいは低く動かしたいときは、この数字を変えることができます（21 ～ 500 の範囲で入力が可能です）。

◆ 上「100」㎝のブロック

◆ ブロックをタップして高さを入力

　ただし、室内ではあまり高く飛ばせません。まずは 50 ～ 100㎝くらいに設定し、どれくらい上昇するかを確認して、数字を調節してみてください。

　そのほか「下」や「フリップ」などのブロックを組み合わせ、うさぎの動きを考え

ながら組み立てていきます。「下」ブロックもどれくらい下降するかを数字で指定することができます。フリップも「前方」「後方」「右」「左」と、いろいろな方向に宙返りさせることができます。

　最後は必ず「着陸」ブロックです。自分で組み立てたブロックの最後に「着陸」ブロックをくっつけたら、プログラムの完成です。

◆「うさぎ」ドローンプログラム例

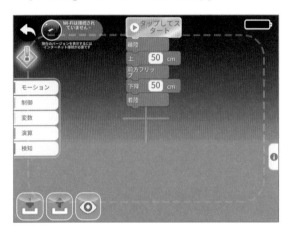

機体とアプリを Wi-Fi で接続する

　プログラムが完成したら、機体の電源を入れて Wi-Fi で接続します。最初に接続してしまうと機体本体が熱を持ってしまい、安全のため自動で電源が切れてしまうので、毎回飛ばす直前に Wi-Fi に接続するほうがよいでしょう。

　機体の電源を入れたら、画面左上の「Wi-Fi 接続されていません。」というボタンを押します。端末の設定画面が開くので、Wi-Fi を選択します（あるいは、端末本体の「設定」画面を立ち上げ、Wi-Fi を選びます）。接続可能なネットワークの中から「TELLO-xxxxxx」を選択し、接続が確認できたら Tello EDU アプリに戻ります（iPhone/iPad の場合は、左上の「< TELLO EDU」を押して Tello EDU アプリ画面に戻ることもできます）。

◆ iPad の Wi-Fi 設定画面（ネットワーク名は変更してあります）

プログラムを実行する

　図のように左上にあるドローンのイラストの背景が緑色になったら準備完了です。アプリと機体が接続されているので、「タップしてスタート」ボタンを押してプログラムを実行してみましょう。

◆ うさぎプログラム例

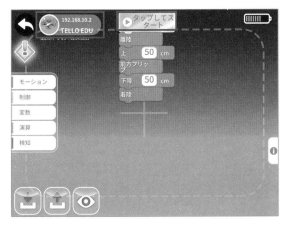

　QR コードをスマートフォンなどで読み込むと、このプログラムの動画を見ることができます。（YouTube サイトに移動します）。プログラムと実際のドローンの動きが同じかどうか確かめてみてください。

◆ 映像〜うさぎサンプルプログラム

プログラムを保存する

プログラムが完成したら画面左下にある「保存」ボタンを押してプログラムを保存しておきましょう。

◆ プログラムを保存

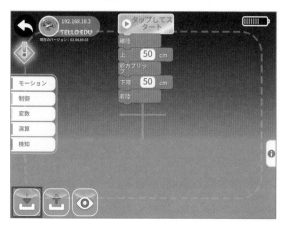

「保存」ボタンを押すと新しいウインドウが開きます。「ファイル名を入力してください。」という部分をタップするとキーボードが立ち上がります。好きな名前をつけ、もう一度右下にある「保存」ボタンを押します。

◆ ファイル名を入力して保存

これで次回から同じプログラムを使うことができます。

すでに保存してあるプログラムを使いたいときは、保存ボタンの右側にある「開く」ボタンを押します。

プログラミングの学び方を学ぼう！

◆ プログラムを開く

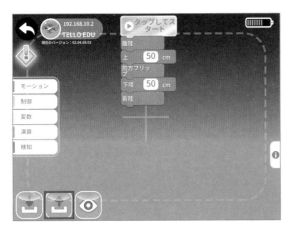

　保存する場合と同じように新しいウインドウが開くので、画面をスクロールして使いたいプログラムを選びます。右下の「開く」ボタンを押すと保存してあったプログラムが画面に表示されます。必要に応じて活用してみてください。

◆ ファイル名を選択して開く

いろいろなブロックを使って自分の考えた動きにしよう！

　このプログラムでは、上昇してからフリップ（宙返り）をしてみました。しかし、あまりうさぎに見えなかったという人もいるかもしれません。うさぎのジャンプならフリップ（宙返り）だけで表現してもいいし、一度だけではなく何度も繰り返しフリップ（宙返り）してもいいでしょう。

　小学校で行った体験会では、「もっと高く飛ばしたい」と上ブロックの数字を細かく変えたり、「うさぎは原っぱにいるイメージだから、何度かフリップするけど、飛

ぶだけではなくときどき止まったりする」など、たくさんのアイデアが出ていました。

　たとえば、ワークシートにある「キョロキョロする」「耳を動かす」といううさぎの動きを表現するにはどんなプログラムを組めばいいでしょうか？　ドローンには耳はついていませんが、想像しながらいろいろチャレンジしてみてください。

◯ 振り返って考えよう

ふりかえりシート

　うさぎの動きを自分で考え、ドローンで実際に飛ばして表現してみました。思ったように動いたでしょうか？それとも、何か改良点が見つかったでしょうか？次の項目について振り返ってみましょう。

ふりかえりシート
良かったところ
難しかったところ
次にやってみたいこと

▶ 保護者の方へ

　ドローンを使ってプログラミングを学ぶ良さは、作ったプログラムを実際に目で見て触って「体験」することができる点です。しかし、「体験」というのは身体全体を使って学んでいるため情報量が多く、処理されないうちに忘れてしまいます。「楽しかった」などの感情だけが残っていることが多いのではないでしょうか。

　もちろん、それもとても重要です。体験を伴わない学びは単なる知識となり、あまり使われなくなります。しかし、せっかくの体験もそのままにしておくとすぐに忘れてしまうため、体験を自分で意味付けていく「振り返り」がとても大切になってきています。

　また、振り返ることは物事を抽象化して考えることにもつながります。体験したことと意識を結びつけていくことを意識しながら、話したり書いたりして、次に役立つ情報として記憶していきましょう。

発展

装飾してみよう！

　ドローンには下にセンサーがたくさん付いていますが、機体の上は少し物を乗せたり装飾したりすることが可能です。折り紙などでウサギを作ってドローンの上に載せても楽しいと思います。プロペラガードにも少し装飾することができます。安全に十分注意して、工夫してみてください。

　下の写真は、小学校で行ったドローンプログラミング体験会で使用したドローンです。災害救助ミッションのため、ドローンの機体に薬箱を乗せました。

◆ 薬箱を乗せたドローン

◆ ウサギを乗せたドローン

振り返りについて

　振り返りを行う際ワークシートなどを使うことは多いのですが、ほかにも方法はたくさんあります。体験会などで行っている方法を、いくつか紹介しましょう。

動画を活用しよう

　これまでも何度か動画の QR コードが出てきました。スポーツなどでは、自分の動きを動画に撮って振り返ったり共有したりすることがあります。プログラミングでも、ドローンが飛んでいるときに動画を撮っておくと、振り返る際に役立ちます。動画を見ながら「どこが難しかったか」「うまくいったか」などを話し合ってみてください。また、ドローンの動きを撮るだけでなく、子どもたちが作業している様子を写真や動画に撮り、最後にスライドショーにして振り返るのも面白いものです。俯瞰的な視点で自分を観察することは、普段あまりありません。メディアの特性を生かして、いろいろと試してみてください。

アンケート

　ワークショップや体験会で最後にアンケートを書いてもらうと、「むずかしかったけどたのしかった。」「むずかしかったけどコントローラではできないうごきがあっておもしろい。」などプログラミングの感想を書いてくれます。アンケートは今後の運営に活かすために行う場合も多いのですが、活動が終わって体験を文章化することは子どもたち自身の振り返りにつながります。体験会直後と数日後では振り返る内容も意味づけも変わってくるので、タイミングを見ながら実施してみてください。

インタビュー

　文字を書かなくても質問されることで振り返りになることもあります。プログラミングで障害物タイムレースを行った体験会のあとに、参加者にどう感じたかをインタビューしてみました。「自分でいろいろ組み立ててみて自分の一番いいタイムを自分の目で見て体で何メートルとか測ってみたり。すごくおもしろい体験がいっぱいでした」「達成感というか、どこのチームよりも早い結果が出るのをすごく楽しみにして

いたので優勝できてよかったです」と参加した小学生が答えてくれました。

　まずは保護者の方がインタビュアーになって質問したり、感想を話し合って共有したりするだけでもいいと思います。年齢に合わせて、どんなところを工夫したのか、気づいた点は何かなど振り返る内容も合わせて考えてみてください。

「お魚」の動きを
まねしてみよう

　次は、お魚の動きを考えてみましょう。そして、どのようにブロックを組み立てるか考えてみましょう。お魚はどんな動きをするでしょうか。体験会では「ゆっくりこう（左右に）動きながら前に進む感じ」という意見が出ました。その動きをするためにはどういうブロックを使ってプログラムすればいいでしょうか。また、ゆっくり動くのは大きい魚のイメージですが、小さいお魚だったらどのように動くでしょうか？何か思いついたらアイデアを紙に書き出してみましょう。

◎ アイデアを出そう

KJ法でアイデアを出そう

　アイデアを出すときによく行われるのがKJ法（けーじぇーほう）です。アイデアを出すとき、言葉としてアイデアはどんどん出てくるのですが、整理して実行に移すのはとても大変です。頭の中にあるアイデアを外に出すことはとても楽しいことなので、「どんなお魚にしたいか」「どんな動きをさせたいか」などふせんにどんどん具体的に書き出してみてください。

> ▶ 保護者の方へ
>
> 　KJ法は文化人類学者である川喜田二郎氏が考案した発想法で、アイデアをふせん紙などのカードに書き込み、カードをグループにまとめて図解するものです。全体を俯瞰（ふかん）することにより、データを整理したり新しい発想を生み出したり、グループで意見を出したりするときに使われています。また、物事を図式化し構造化する研究法としても用いられています。
>
> 　保護者の方は、子どもの話を聞きながら一緒に紙に書き出して並べてみてください。KJ法の手順は論理的な思考と類似性が高いので、プログラミングをする際にも役立つと思います。是非一緒に取り組んでみてください。

◆ 思いつくアイデアを1枚に1つずつ書く

◆ 似ているアイデアはグループにまとめる

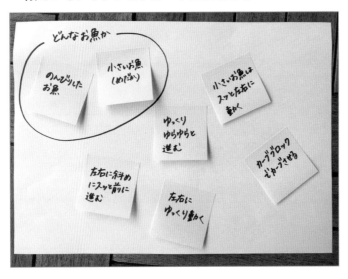

　同じように、ふせんで出たアイデアをワークシートにまとめると次のようになります。ワークシートを使ってアイデアを出そうとすると、項目以外のアイデアが出しづらくなり、発想が枠にとらわれてしまう可能性もあります。KJ法を使うとアイデアをたくさん出してから整理することができるので、まだアイデアがまとまっていなかったり、数人でアイデアを出し合い、まとめたりする場合にとても役立ちます。場面に合わせて使い分けてみください。

◆ ワークシート

どんな動物？
小さいお魚（めだか） のんびりしたお魚
動きの特徴は？
小さいお魚はスッと左右に動く ゆっくりゆらゆらと進む
どんなプログラムをするとその動物に見えるかな？
左右にななめにスッと前に進む 左右にゆっくり動く カーブブロックでカーブさせる

「めだか」をプログラムしてみよう

具体的に考えてみよう！

　KJ法を使ってたくさんアイデアが出たので、まずは小さい魚「めだか」の動きをプログラミングしていきたいと思います。今度は先ほどの「めだか」に関するアイデアをもう一度ワークシートに整理していきましょう。

◆ ワークシート

どんな動物？
小さい魚（めだか）
動きの特徴は？
スッと左右に動く
どんなプログラムをするとその動物に見えるかな？
左右にななめに前に進む など
ブロックを組み立ててプログラミングしてみよう
離陸する ↓ 右ななめ前に進む ↓ 左ななめ前に進む など

ブロックを組み立てプログラミングする

　実際にプログラムを組んでいきます。ななめ前に進ませるために「モーション」から3章でも使った「XYZに移動」ブロックを使ってみましょう。

◆「XYZに移動」ブロック

　機体に対して、前後を表すのがX軸、左右がY軸、Z軸は高さを表しています。

◆ ドローンのX軸・Y軸・Z軸

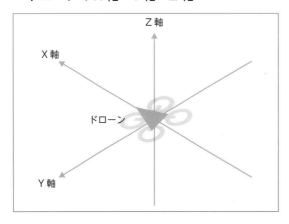

　「XYZに移動」ブロックは3つ数字を指定する場所があります。XYZの順に数字を指定していきます。

　最初に「離陸」ブロックを「タップしてスタート」にくっつけたら、次に左ななめ前に進ませてみましょう。現在地より前に50cm、左に50cm、高さは変えず0cm、直

線で進むとします。左から空欄は XYZ の順になっているので、「(X) 50, (Y) 50, (Z) 0」と数字を入力していきます。

◆ 左ななめ前に移動

◆ ドローンを真上から見た場合

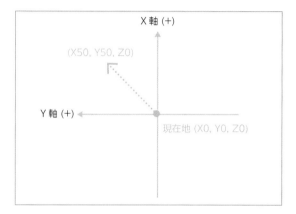

次に、移動した地点からドローンを右に移動させてみます。例えば、前に 50㎝、右に -70㎝（右に進むときはマイナスで入力します）、上に 0㎝移動させます。

◆ 右ななめ前に移動

◆ ドローンを真上から見た場合

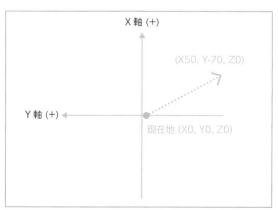

ブロックには、左から順に「(X) 50, (Y) -70, (Z) 0」と入力します。

Wi-Fi に接続してプログラムを実行してみよう

　ここで、一度ドローンを飛ばして動きを確かめてみましょう。最後に「着陸」ブロックをくっつけ、Wi-Fi に接続し「タップしてスタート」を押して実行します。ドローンは直線で左右ジグザグに動きましたか。

◆ めだかプログラム例1

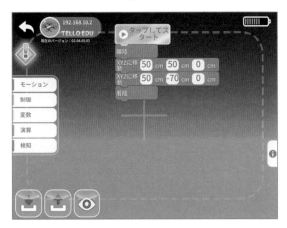

　動画でも確認してみてください（YouTube に移動します）。

◆ 映像〜めだかサンプルプログラム1

(https://youtu.be/pMJ8eMK5DPk)

振り返って考えよう

ふりかえりシート

　めだかの動きをドローンで表現してみましたが、思ったように動いたでしょうか？簡単でよいので振り返ってみましょう。

　筆者らが実際にやってみて感じたのは、プログラム通りには動いたのですが、あまりめだからしい動きではありませんでした。うさぎの動きでは動きを考え、プログラムを組み、実行、振り返りまでの一連の流れを体験してみました。めだかの動きでは、一歩進めてよりめだからしい動きを目指して修正していきたいと思います。話し合った内容を振り返りシートにまとめてみましたので参考にしてみてください。

◆ ふりかえりシート

良かったところ
「右ななめ前に進む」や「左ななめ前に進む」は考えたプログラム通りに動いた
難しかったところ
思ったよりめだからしい動きにならなかった
次にやってみたいこと
魚はななめ前に進まないのではないか。まっすぐに進んでからターンさせてみる

問題点を修正して再チャレンジしてみよう

振り返りをした後に問題点を修正して再チャレンジしてみよう！

　ふりかえりシートにあるように、めだかの動きがどうだったかを話し合い、ななめ前ではなくまっすぐ前に動かすことにしました。また、絶え間なく動いているというよりは、時々止まってからスッと動くイメージがあります。左に並んだメニューの「制御（せいぎょ）」グループに「待機○秒」というブロックがあります。このブロックを使うと止まって待機するので、何秒ぐらい待機すればいいのかを考えて数字を入れてみてください。

　次の動画は反省点を踏まえ、めだかをイメージして色々なブロックを追加し修正してみました。めだかが泳いでいるように見えるでしょうか。前に進む距離や角度によって違った動きをするので自分なりに調整してみてください。

プログラミングの学び方を学ぼう！

◆ 映像～めだかサンプルプログラム 2

(https://youtu.be/LZnXtRWNVQM)

◆ めだかプログラム例 2

もう一度振り返って考えよう

ふりかえりシート

　めだかの動きを修正しドローンで表現してみましたが、思ったように動いたでしょうか？　ここでは、2 回目の再チャレンジを踏まえて振り返った内容をまとめてみました。

◆ ふりかえりシート

良かったところ
1 回目より魚の動きに近づいた。ターンさせる角度を 180 度近く（実際には 150 度にした）にし、あっちこっちに進む感じを出した
難しかったところ
1 回目は魚の動きがよくわかっていなかった。やってみたらイメージと違った

次にやってみたいこと
もっと動きを観察してめだかの動きに近づけたい

めだからしい動きができるまで、諦めずチャレンジしてみてください。

のんびりしたお魚の動きを考えよう

　すばやく動く小さな魚（めだか）をプログラムしてみましたが、次はのんびりとゆらゆら泳ぐお魚の動きをプログラムしていきます。

◎ カーブブロックを使ってみよう

　先ほどは直線で「XYZに移動」というブロックを使いました。「Tello EDU」アプリでは「カーブ」ブロックを使って弧（こ）を描くような動きをさせることもできます。曲線的な動きができると動きの幅が広がるのでチャレンジしてみましょう。

◆「カーブ」ブロック

| カーブ | P1 X | 0 | Y | 0 | Z | 0 | P2 X | 0 | Y | 0 | Z | 0 |

◎ 具体的に考えてみよう！

ワークシートに自分の考えを書き出してみよう

　先ほど出したアイデアの中でのんびりした感じが出そうなアイデアを集めてみました。「カーブ」ブロックは初めて使うので、ブロックの使い方も紹介していきます。

◆ ワークシート

どんな動物？
のんびりしたお魚
動きの特徴は？
ゆっくりゆらゆらと進む

どんなプログラムをするとその動物に見えるかな？
左右にゆっくり動く カーブブロックでカーブさせる など

ブロックを組み立ててプログラミングしてみよう
離陸する ↓ 右回りカーブ ↓ 左回りカーブ ↓ など

やってみよう！

カーブブロックを組み立てプログラミングする① （右回りカーブ）

「モーション」から「カーブ」ブロックを選びます。ブロックは「P1」と「P2」に分かれていて、それぞれに XYZ を指定する欄があります。

◆ 「カーブ」ブロックをタップ

「カーブ」ブロックはドローンを「P1」と「P2」の 2 点を結ぶカーブラインを描くように動かすことができます。動きの基準は、現在ドローンがある地点です。基準から見て P1 の座標と P2 の座標を入力します。

例えば、P 1 に X （前） 50㎝、Y （左） 50㎝、Z （高さ） 0㎝と入力します。

◆ ドローンを真上から見た図

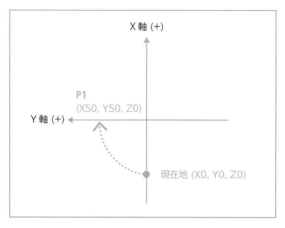

　XYZ の隣にある「0」という数字をタップすると、数字を入力できます。3 章の直線ブロックで説明したように、「カーブ」ブロックの Z（高さ）もホバリングした高さです。ミッションパッドを使うブロックとは異なるので、注意してください。

◆ タップして数字を入力

　同じように、現在ドローンがいる位置を基準として P2 にも X100㎝、Y0㎝、Z0 ㎝と入力します。

◆ ドローンを真上から見た図

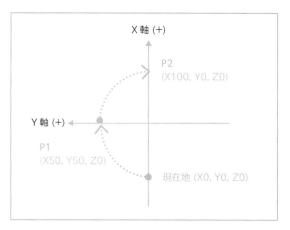

「カーブ」ブロックに現在地から2点の座標「P1 X50 Y50 Z0　P2 X100 Y0 Z0」を入力すると、ドローンは半円を描くようにカーブして前進します。

◆「カーブ」ブロックへの入力

`カーブ　P1 X 50 Y 50 Z 0 P2 X 100 Y 0 Z 0`

Wi-Fiに接続してプログラムを実行してみよう①

初めて使うブロックなので、ここでも一度ドローンを飛ばして動きを確かめてみましょう。

最初に「タップしてスタート」に「離陸」ブロックをくっつけます。次に「カーブ」ブロックを、最後に「着陸」ブロックをくっつけます。機体をWi-Fiにつなげて、接続が確認できたら「タップしてスタート」を押して実行します。

◆「カーブ」ブロックを使ったプログラム例１

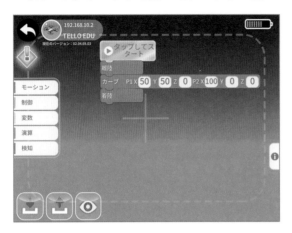

◆ 映像〜お魚カーブ（右回り）

(https://youtu.be/N8G4Qqs5tOl)

現在地を基準としてＰ１を通り、P2 にカーブして前方に進むことができました。

◆ 現在地を基準として P1 を通り P2 にカーブして前方に進む

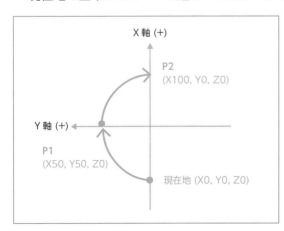

カーブブロックを組み立てプログラミングする② （左回りカーブ）

次に、今の右回りのカーブとは反対の左回りに弧（こ）を描くように「カーブ」ブロックに数字を入力します。「P1 X50 Y-50 Z0　P2 X100 Y0 Z0」とそれぞれの欄に入力してみましょう。

◆「カーブ」ブロックへの左回りの入力

カーブ　P1 X 50 Y -50 Z 0 P2 X 100 Y 0 Z 0

◆ 現在地を基準として P1 を通り P2 にカーブして前方に進む（左回り）

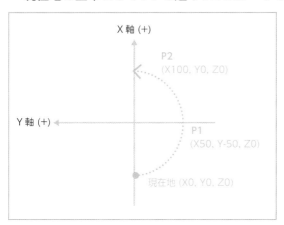

X軸 (+)

P2
(X100, Y0, Z0)

Y軸 (+)

P1
(X50, Y-50, Z0)

現在地 (X0, Y0, Z0)

カーブブロックが2つできたら、このブロックをくっつけてみます。どんな動きになるでしょうか？

◆ カーブブロック（右回り）

カーブ　P1 X 50 Y 50 Z 0 P2 X 100 Y 0 Z 0

◆ カーブブロック（左回り）

カーブ　P1 X 50 Y -50 Z 0 P2 X 100 Y 0 Z 0

◆ カーブブロック（右回り）の軌道＋カーブブロック（左回り）の軌道

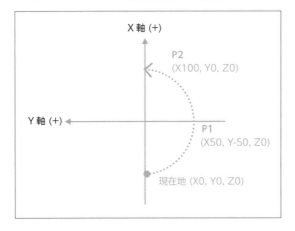

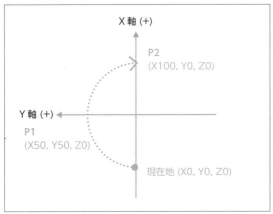

Wi-Fi に接続してプログラムを実行してみよう②

「離陸」ブロックと「カーブブロック（右回り）」、「カーブブロック（左回り）」、「着陸」ブロックがくっついていることを確認して、Wi-Fi に接続して飛ばします。

◆ カーブブロックを使ったプログラム例2

◆ 映像～お魚カーブ（右回り左回り）

(https://youtu.be/CkcflwoeEtA)

▶ 注意点

- Xが小さいとカーブできず、命令をスキップしていまいます。室内の場合50㎝程度がオススメです。

- 機体が熱くなりすぎると電源が落ちる、もしくはプログラムをスキップすることがあります。機体を休ませたあとに再度行ってみてください。

- きちんとプログラミングしても、ブロックを飛ばして実行してしまうことがあります。その場合は「制御」から「待機○秒」というブロックを選び、ブロックの命令と命令の間に入れるとスキップされずに実行されることがあります。プログラムをスキップしてしまう場合は試してみてください。

- まれに機体が着陸しない場合があります。その際は右下の赤い「停止」ボタンをタップしてください。

- まれに右下の赤い「ストップ」ボタンが表示されない場合があります。その場合はプログラムをゴミ箱に移し、「モーション」から「着陸」ブロックだけを選んで「タップしてスタート」にくっつけ、実行します。必ず保護者の方と一緒に行っ

てください。

　曲がりくねって進むように、Sをひっくり返したような動きをプログラミングして
みました。左に半円のカーブを描いたあとに、右に半円のカーブをして着陸しました
か？　お魚のように、ゆらゆらと動いて見えましたか？

振り返って考えよう

ふりかえりシート

　ここまでカーブブロックを使ってお魚が泳いでいるようにプログラムしてみまし
た。思ったように動きましたか？　どんなところが難しかったですか？　振り返って
みましょう。

◆ ふりかえりシート

ふりかえりシート
良かったところ
難しかったところ
次にやってみたいこと

　プログラミングでは操縦して飛ばすときと違い、きちんと座標（ざひょう）を指定
することが重要です。コンピュータを動かすには、きちんとした手順を組み、それを
伝えることが必要なのです。

プログラミングの学び方を学ぼう！

▶ 保護者の方へ

　プログラミング教育は「論理的な思考」を育てるといわれています。操縦したあとに、同じ動作の手順をプログラムで記述してみると、実際は無意識で行っていることの多さに気がつきます。ブロックプログラミングは手順を可視化するのにとてもよい教材です。手順をきちんと書かないとプログラムは動きません。

　身の回りを見てみると、コンピュータはいろいろなところに使われています。プログラミングをするとき、要素に分けることや繰り返したり同じ作業をまとめて関数にしたりすることは、パターンを見つけたり抽象化や概念化したりしていくことにつながりそうです。構造的にものを見ていく訓練になるのではないでしょうか。

　また、座標の指定は算数や数学ではおなじみで、コンピュータの中でシミュレーションすることはできますが、子ども達が実生活で使う場面はなかなかありません。ドローンの実機を使って「目に見える形でものを動かす」ことは貴重な体験だと思います。そして、ドローンを飛ばすことは、3次元、4次元の空間をイメージする感覚、空間認知能力を育てることにもつながります。今回、「カーブ」ブロックでは高さである Z を「0」に設定しましたが、数字を入力すれば上昇または下降しながらカーブします。ぜひ試してみてください。

◎ 発展

繰り返してみよう！

　お魚が泳いでいるように表現するため右回りカーブと左回りカーブを使いましたが、もう少し長く泳がせてみましょう。どのようにプログラムすればよいでしょうか。「カーブ」ブロックを新たに組み立てていくこともできますが、2章でやったように「制御」グループのブロックを使えば動作を繰り返すことができます。もし、体育館など広い場所が使えるようなら、上記で作った「カーブ」ブロックを繰り返して、どんな動きになるか確かめてみましょう。

▶ ヒント

「繰り返し」ブロックでカーブを繰り返し実行できそうです。

◆「繰り返し」ブロック

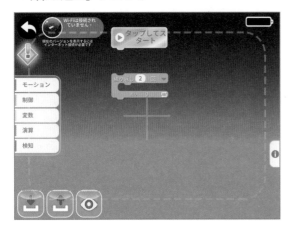

▶ 注意点

　カーブを繰り返す場合は、体育館などかなり広い場所が必要になります。場所が取れない場合は前進するだけでなく、戻ってくるなど工夫をしてみてください。

　室内で飛ばす場合、昼間でも電気をつけた明るい状態のほうが機体が安定します。

ほかのブロックを使って表現してみよう！

　ゆらゆら進む動きの表現に「カーブ」ブロックを使ってみましたが、「カーブ」ブロックはかなり大きな動きになることがわかりました。もう少しコンパクトなゆらゆら進む動きを表現することはできないでしょうか？

　ゆらゆらというと、たとえば2章で学んだ上下への動きを繰り返すプログラムを使えば「おばけ」や「くらげ」が飛ぶように、ふわふわとする面白い動きができるかもしれません。ほかにどんな表現があるか考えてみてください。

　この章では、うさぎやお魚の動きになるようなプログラムに挑戦してみました。「カーブ」ブロックを使うと、動物以外にも障害物を越えたり、車のようにカーブに沿ってドローンを動かしたりすることもできるかもしれません。特に正解はありませんから、動きを想像しながらプログラムを組んでみましょう。プログラムが組めたらお友達や保護者の方に見せて、工夫したことや難しかったことなどを話し合ってみましょう。

プログラミングの学び方を学ぼう！

ミッションに挑戦！
イルカでジャンプ

　海や水族館、テレビなどで、イルカがジャンプしているところは見たことはありますか？　気持ちよさそうにジャンプしているイルカを想像しながら、プログラミングしてみましょう。お魚は横にゆらゆらと泳ぐようにプログラムしてみました。イルカはどんな動きをしているでしょうか。

　次のミッションは「イルカでジャンプ」です。「イルカはお魚より上下に動いているような気がする」とか、「どうやったらイルカがフラフープに向かってジャンプする動きに見える？」など今までやってみたことを参考にして自分で考えてみましょう。

具体的に考えてみよう！

ワークシートに自分の考えを書き出してみよう

どんな動物？
ジャンプするイルカ

動きの特徴は？
ジャンプをする 輪くぐりする ジャンプして障害物を乗り越えるなど （他にはどんな動きをするか考えてみましょう）

どんなプログラムをするとその動物に見えるかな？
上下に動かす フリップ（宙返り）する 「カーブ」ブロックを使ってみるなど （ほかにはどんな動きをするか考えてみましょう）

ブロックを組み立ててプログラミングしてみよう
（自分で考えて組み立ててみましょう）

やってみよう！

　このミッションでは、使うブロックは決まっていません。好きなブロックを組み合わせてイルカをジャンプさせてみましょう。1つの例として「ジャンプして障害物を乗り越える」イルカをイメージして考えてみます。

▶ヒント

　イルカの泳ぎ方を考えると、ここでも「カーブ」ブロックが使えそうです。今度は「カーブ」ブロックで縦方向のプログラミングしてみます。また、障害物がある場所で正確にジャンプしたいので、ミッションパッドを使って、ここの位置でジャンプするという命令をプログラミングしてみましょう。

◆ 映像〜イルカでジャンプ

（https://youtu.be/XoRikbepvW0）

　この動画のプログラム例は巻末に載せておきます。参考にしてみてください。

振り返って考えよう

ふりかえりシート

　イルカは思ったように動きましたか？　それとも、何か改良点が見つかりましたか？　次の項目について、振り返ってみましょう。

◆ ふりかえりシート

ふりかえりシート
良かったところ
難しかったところ
次にやってみたいこと

発表してみよう

　ふりかえりシートをアレンジして、自分の作ったプログラムの工夫した点などを保護者の方に向かって発表してみましょう。

◆ 発表シート

タイトル
やってみてどうだったか？
良かったところ
難しかったところ
工夫したところ

みてほしいところ		
気が付いたところ		
次にやってみたいこと		
うまくいくための三原則		
など		

作品動画を YouTube にアップして共有しよう

　本書で紹介している動画は YouTube にアップロードしています。ハッシュタグを
つけて公開しているので、YouTube（https://www.youtube.com）で「＃空飛ぶ
プログラム」で検索してみてください。＃（ハッシュタグ）をつけると、同じ興味を
持った人に動画を見てもらうことができます。もちろん非公開にして友達同士だけで
動画を共有することもできます。

　また、もし公開してもいいという動画があれば、保護者の方の許可を取り、同じハッ
シュタグをタイトルのはじめにつけてアップロードしてみてください（その場合、個
人情報がわかるような顔や場所、物などの情報が写り込まないように十分気をつけて
ください）。いろいろな動画がアップされるのをお待ちしています。

　本章では、動物の動きをまねてドローンをプログラミングしました。お魚やイルカ
など海にいる動物を取り上げましたが、自由に飛び回るといって一番に思いつくのは、
空を飛ぶ鳥や虫かもしれません。空を飛ぶ鳥はどのように飛ぶでしょうか。マルや 8
の字を描いてみてもよいかもしれません。

　あるいは、もしドローンがスケート選手になってジャンプしたら、どんな動きをす
るでしょうか？　ドローンは動物や人間のような速い動きや複雑な動きはできません
が、3D で遊べるという意味では、とても面白い教材だと思います。無理のない範囲
でいろいろと挑戦してみてください。

保護者の方へ〜「こだわる」「見立てる」ということ

普段ワークショップや体験会を行うと、子どもたちが遊んでいると考える先生や大人の方も多数います。ここでは体験会の中で何が起きているのかについて、少し紹介したいと思います。

「こだわる」ということ

「動物の動きをまねてみよう！」というのは、2019年1月に筆者らのグループが小学校のドローンプログラミング体験会で使ったテーマです。体験会では5人程度のグループで、好きな動物の動きを考えました。子どもたちは「うさぎは草原にいる感じだから動作をいくつか挟んで何度か宙返りしたい！」「（うさぎは飛ぶから上下させたくて）『上』ブロックの数字を100より多くしたい」など自分の想像の中のうさぎをどう表現するか話し合い、試行錯誤しながら、最後は他チームに作品のタイトルや工夫したところを発表しました。

子どもたちは、意外なところにこだわりを持っています。魚の動きを考えているグループでは「右回りの角度は90度じゃなくて80度、いや、や・っぱり81度」と妥協しません。「こだわる」ということは、子どもたちが活動に主体的に関わっているということに他なりません。学校の先生からは、体験会後「普段あまり意見をいわない児童がたくさん意見をいっていたので驚いた」というお話も伺いました。ドローンは飛ぶものなので十分安全に注意して、動物の動きになるように「こだわった」プログラミングを体験させてください。

「見立てる」ということ

ドローンに「動物の動き」をさせるということは、ドローンを動物に見立てていることになります。ものを何かに「見立てる」というのは、実はとても重要な認知的な作業です。しかし、「見立て」は子どもの遊びの中にたくさん存在しています。たと

えば「ごっこ遊び」などです。

　自分なりに何かを「見立てる」ということは、対象を自分で意味づけていくことにつながります。ここには正解はなく、自分がとらえている動きや考えを別の形で再構成し表現しているのです。

　体験会では、動物の動きをグループで考えました。その場合、他者の「意見＝見立て」を受け入れたり、自分の「意見＝見立て」を提案したり、あるいは、相手の「見立てを補完」するということが起こります。学びは社会の中で構成され、他者と分かち合うことが重要です。ほかの人と話をしたり協力したりすることは、学んだことをしっかり身につけるための最良の方法の1つだといえます。

　また、見立てたことをプログラミングで表現することは、頭の中で先読みやシミュレーションをすることにもなります。自分のアイデアを表現するために、遊びの中ではかなり複雑なことが起こっています。子どもたちは体験会で、プログラミングだけでなく想像力や主体性、協同性などを遊びながら自然と学んでいるのです。

Chapter 5

テキスト
プログラミングに
挑戦！

この章のはじめに

◎ テクノロジーとアートの融合「ドローンショー！」

　2018 年の平昌冬季オリンピックの開会式では、1,218 機のドローンによる光の
ショーが話題になりました。プログラムで 1,000 台以上のドローンが一斉に動き、
LED の光を使って絵や文字を表現することが可能になり、空飛ぶアートとしてドロー
ンの活用が進んでいます。

　日本でも、2019 年の東京モーターショーで 500 機のドローンによるショーが行
われました。天体やバレリーナなどの 3D アニメーションをドローンが描き出し、
3D サウンドとライティングがシンクロする新しいエンターテイメントショーが繰り
広げられました。

◆ ドローンによるショー

　ショーで使われたのは、インテルのシューティングスタードローンです。このシステムは 40 億のカラーコンビネーションに対応しており、1 人のパイロットが数百ものドローンをコントロールできます。

　トイドローンでも、iPad などのデバイスからプログラムすれば、2 台以上のドローンを同時に制御できます。Tello EDU の場合は無料のアプリケーションを使えば最大 4 台まで編隊飛行にチャレンジできます。本章では、この編隊飛行に挑戦してみましょう。

「Swift Playgrounds」で テキストプログラミングに挑戦!

　4章までは、「Tello EDU」アプリを使いました。本章では、無料で編隊飛行を行うことができる Apple の iPad 専用アプリ「Swift Playgrounds」を使います。「Swift Playgrounds」には、コードを学べるパズルやゲームといったアプリが用意されており、その中にロボットやドローンを実際に動かすことができるアプリもあります。

　「Swift Playgrounds」アプリはブロックを使ってプログラミングするのではなく、Swift という Apple が開発した本格的なテキストプログラミング言語を使います。Swift は実際に iPhone や iPad で使うアプリケーションを作る際にも使われている言語で、本物の知識と技術を最初から学ぶことができます。

　テキストプログラミングというと英語の壁もあり、なかなか難しいという印象があります。しかし「Swift Playgrounds」アプリなら、ガイドが表示されるので簡単な英語を理解できれば挑戦できます。これまでと同じ Tello EDU を使って、ブロックプログラミングからステップアップしたい場合にオススメのアプリです。

　ここでは Tello / Tello EDU を動かせる「Swift Playgrounds」のアプリ「Tello Space Travel」を使って、ドローンをプログラミングしていきましょう。

　▶ 必要なもの
　機体：Tello EDU2 台以上（編隊飛行可能なのは Tello EDU のみ、Tello は Basic ステージ Advanced ステージまで操作可、ミッションパッド・編隊飛行ステージは飛行不可）
　デバイス：iPad（iOS 12.0 以降対応機種）
　アプリ：「Tello Space Travel」（「Swift Playgrounds」内ドローン用アプリ）

▶ 注意点

「Tello Space Travel」アプリは日本語に対応しておらず英語で書かれています。しかし、2020年1月現在、アプリをダウンロードすると答えとなるコードがすでに入力されているため、iPad と機体を Wi-Fi で接続すれば、すぐにミッションを試すことができます。編隊飛行もすぐに実行可能です。

自分でコードを入力して学びたい時には、すでに入っているコードを一度消去してから挑戦してみましょう。アプリはいくつもダウンロードできます。1つは答えとして保存し、わからなくなったときは参考にしましょう。ミッションの指示もすべて英語なので、見本と見比べながら進めていくとよいでしょう。ここでは答えを一度消去し、自分で学ぶ手順を説明していきたいと思います。

Swift Playgrounds アプリをインストールしよう

まず、iPad に App Store から Swift Playgrounds（iOS 12.0 以降 iPad 対応）をダウンロードします。

https://www.apple.com/jp/swift/playgrounds/https://www.apple.com/jp/swift/playgrounds/

◆ App Store を開く

App Store で「Swift Playgrounds」を検索し、Swift Playgrounds の「入手」をタップしてインストールします。このアプリは無料ですが、インストールする際 Apple ID でサインインする必要があります。iPad の Apple ID とパスワードを事前に用意してください。アプリがダウンロードされ「開く」に変わったら、タップしてアプリを立ち上げます。

◆ Swift Playgrounds をインストールして開く

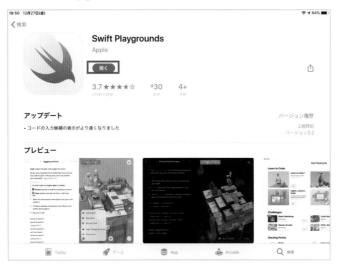

　Swift Playgrounds を開くと、「コードを学ぼう」などたくさんのアプリが並んでいます。

◆ Swift Playgrounds のプログラミングを学べるアプリ

　ドローンを飛ばすことができるアプリは、画面をスクロールさせた一番下の From Other Publishers の中にあります。次に、From Other Publishers に並んでいるアプリを横にスクロールさせて、Tello by Ryze を選択してください。

◈ Tello by Ryze を選択

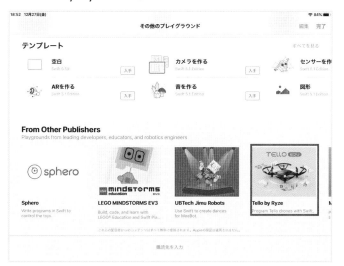

　Tello by Ryze をタップすると別ウインドウが開きます。右上にある「購読」を押すと Tello Space Travel がプレイグラウンド画面に現れ、選択できるようになります。

◈ Tello by Ryze の「講読」をタップ

◆ Tello Space Travel を選択

　Tello Space Travel を開いて「入手」をタップすると、Swift Playgrounds のマイプレイグラウンドの中に Tello Space Travel がインストールされます。

◆ Tello Space Travel を「入手」

◆ マイプレイグラウンド画面

　これでアプリの準備は完了です。Tello Space Travel で Tello / Tello EDU のプログラミングが可能になります。実際に遊ぶ時の手順としては、Swift Playgrounds アプリをまず立ち上げてから、マイプレイグラウンド内にある Tello Space Travel を開いてください。

　※本文中の記述及び画面は 2020 年 1 月時点のものです。製造元により機能が追加・変更される場合や、画面レイアウトが変更される場合があります。

Tello Space Travel に挑戦しよう

　Tello Space Travel では、ミッションに従い宇宙探索を行うというストーリーを楽しみながら、プログラミングを学べます。

◆ Tello Space Travel のミッション

　ブロックでプログラミングした Tello EDU アプリと違い、Swift Playgrounds は実際にコードを書いてプログラミングします。また、Tello Space Travel は日本語に対応していないため、与えられるミッションやヒントなどもすべて英語です。しかし、インストールした時点ですでに答えとなるコードが入力されているので、誰でも簡単に挑戦できるようになっています。

　自分でコードを書いてみたいという場合は、ある程度英語が読めてキーボード操作ができたほうが取り組みやすいでしょう。入力するときには漢字の予測変換のように、キーボードに候補が表示されるため、自分で入力する場合もそれほど難しくはありません。1 回か 2 回タップするだけで 1 行のコードを書くことができます。

　Tello Space Travel には、「Basic」、「Advanced」、「Mission Pad」、「Swarm」の 4 段階のステージが用意されています。ここで注目したいのが、Swarm です。このステージに編隊飛行を行うミッションが用意されています。

コードに挑戦 1 （基礎）

　まず、Tello Space Travel を開くと Basic ステージの Introduction が始まります。このステージのミッションや注意点などが解説されます。バッテリーの充電、Tello を飛ばす空間に障害物がなく安全に飛ばせること、接続が切れると Tello は自動的に着陸するので慌てないこと、墜落してしまったときなどの注意点です。よく確認して、安全に十分注意してから始めていきましょう。

　Tello Space Travel の最初のステージは Basic の TakeOff and Landing です。まずはコードに慣れるために「離陸」と「着陸」にチャレンジしてみましょう。

◆ Basic ステージの TakeOff and Landing

　TakeOff and Landing から画面の左上にあるミッションに従って番号の順によく読み、左下のテキスト入力部分にコードを書いていきます。すでに入力されているコードを見ると次のようになっています。

```
takeoff()
wait(seconds: 3)
land()
```

　これを日本語にすると、次のようになります。

```
takeOff() → 離陸する
wait(seconds: 3) → 3秒間待機する
land() → 着陸する
```

　ミッションの説明とコードを見比べると番号 3、4、5 のグレーになっている部分が重要だとわかります。まずはこのまま Wi-Fi につないでドローンを飛ばしてみましょう。

Wi-Fi につなごう

　プログラムを確認したら、iPad の設定から Wi-Fi につなぎます。方法は基本的に Tello EDU アプリと同じです。

◆ ①機体の電源を入れる

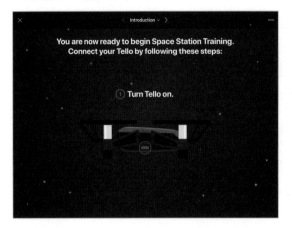

◆ ② iPad の設定から機体の Wi-Fi につなぐ

◆ ③ Swift Playgrounds アプリに戻る

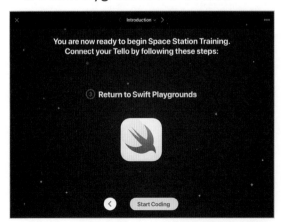

テキストプログラミングに挑戦！

まず、Tello EDU の電源を入れ、iPad の設定から Wi-Fi をタップし、「TELLO-xxxxxx」が画面に現れるのを待ってから選択します。iPad が Tello EDU の Wi-Fi とつながったのを確認したら、また Swift Playgrounds アプリに戻ります。

プログラムを実行してみよう

◆ 右上のアイコンを確認

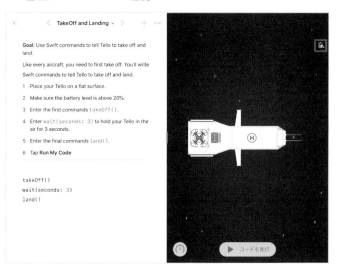

アプリに戻り、右上のアイコンが光れば準備 OK です。右下の「コードを実行」ボタンを押すと Tello EDU の機体がコマンドに従って動き出します。

動画でも確認してみてください。

◆ 映像〜 Tello EDU Swift プログラミングテスト （離陸と着陸）
(https://youtu.be/2N6qSMuUwM8)

ミッションが達成されると Congratulations! と表示され、次のミッションにチャレンジできるようになります。

テキストプログラミングに挑戦!

◆ ミッションを達成

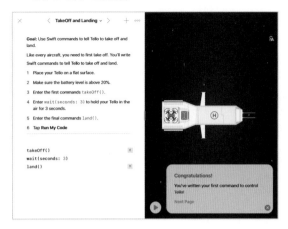

⊙ コードに挑戦 2 （自分でコードを入力してみよう）

　機体がコードで動くことを確認したら、今度は自分でコードを入力してみましょう。まず、すでに書かれているコードを一度削除します。takeoff()以下すべてを選択して、右下の×ボタンをタップして削除してください。

◆ ×ボタンをタップ

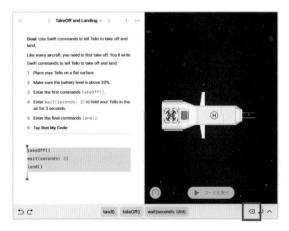

　次に、コード入力画面にカーソールを置くと、画面の下にミッションのグレーの部分と同じようなコードが並んでいるのがわかるでしょうか？　この候補を選んでいけば、タイピングが得意でなくてもコードを入力できます。

◆ 候補から選択

　ミッションにしたがってコードが入力できたら、機体の電源を入れ、iPad の設定から Wi-Fi につないでコードを実行してみてください。先ほどと同じように動きましたか？ 思ったよりも簡単に「離陸と着陸」というミッションをクリアできたのではないかと思います。

● Mission Pad に挑戦！

　前述したように Tello Space Travel では、4 つのステージが用意されています。Basic ステージでは、スペースステーションで離陸と着陸、前後左右、上昇下降といった基本操作を学ぶトレーニングを行います。2 つ目の Advanced ステージでは座標を指定した直線やカーブ、高さやスピードなどの制御を学び、惑星を探索します。Advanced までは、Tello でもプログラミングで動かすことが可能です。

　3 つ目の Mission Pad ステージから先は、Tello EDU のみ対応したミッションパッドを利用したミッションです。4 つ目の Swarm ステージでは編隊飛行を楽しむことができます。ミッションパッドは 3 章の Tello EDU アプリでも使いましたが、Swift Playgrounds アプリでも対応しています。

　たとえば、Mission Pad ステージの Galaxy Jamp というミッションでは、ギャラクシーに見立てた 2 つのミッションパッド間をジャンプさせます。「Tello EDU」アプリのブロックでもミッションパッドを使った飛行は可能でしたが、Swift で実際にコードを書いてみると、ブロックの仕組みをより深く理解することができます。

◆「Tello EDU」アプリでミッションパッドを使うブロック例

> ジャンプ X 100 Y 0 Z 100 角度 0 M1 1 M2 2

◆ Swift でのミッションパッドを使ったコード例

```
transit(x: 100, y: 0, z: 100, pad1:
 1 , pad2: 2)
```

◆ 映像〜 Tello Swift ミッションパッドテスト
(https://youtu.be/2eqWPMJ8TJ4)

　それぞれのステージにミッションがたくさん用意されています。1つずつチャレンジしてみてください。

編隊飛行に挑戦！

　Tello EDU の特徴の1つは、複数の機体を同時に飛行させる編隊飛行が可能だということです。Swift Playgrounds ではアプリが対応しているので、簡単に編隊飛行のプログラミングにチャレンジできます。また、編隊飛行ができる Swarm ステージにも、最初からコードが入っているため、2台以上の Tello EDU を用意し、ネットワークにつなげば、すべてのミッションをそのまま実行することが可能です。

　しかし、1台のデバイスで複数台の Tello EDU をコントロールするためには、これまで行っていた1対1の Wi-Fi 接続ではなく、Wi-Fi ルーター（アクセスポイント）

にすべての機体を接続する必要があります。この設定が重要なので丁寧に紹介してい
きましょう。

◆ Wi-Fi ルーターにすべての機体を接続

アクセスポイントに接続しよう

　4つ目の Swarm ステージに進むと、Connect Tellos to an AP というミッショ
ンがあります。このミッションがアクセスポイントに接続するためのミッションです。
まず、これまでのように iPad と Tello EDU を Wi-Fi で一度つないでから、このミッ
ションのコマンドによって家庭などにある Wi-Fi ルーターに接続していきます。

　※ Connect Tellos to an AP ミッションでは、Wi-Fi ルーターの SSID とパスワー
ド情報が必要になります。事前に用意しておいてください。

◆ Connect Tellos to an AP ミッション

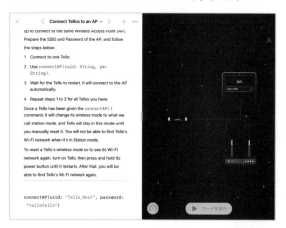

2台以上の Tello EDU を用意し、最初に1台の Tello EDU と iPad を Wi-Fi で繋ぎます。次に、下記のコードの「" "」の間「**Tello_Nest**」と「**tellotello**」部分にご自宅のネットワークの SSID とパスワードを入力して書き換えます。

```
conedtAP(ssid: "Tello_Nest", password: "tellotello")
```

「コードを実行」を押し、接続が切り替わると先ほどのような「Congratulations!」画面が現れるので、再び持っている機体すべてを一度 Tello EDU の Wi-Fi につないでから、このアクセスポイントに接続するミッションを繰り返します。

すべてつなぎ終わったら、最後に iPad でも設定画面に戻り、Wi-Fi から同じアクセスポイントを選択します。

プログラムを実行してみよう

次は Find all Tellos ミッションです。このミッションで複数台を制御できるコマンドを実行します。アプリでは最初から4台接続するコードが入力されています。

テキストプログラミングに挑戦！

◆ Find all Tellos ミッション

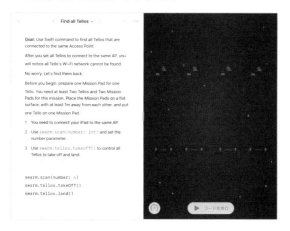

```
swarm.scan(number: 4)
```

このコードの「4」という数字を「2」に変えると、2台の機体を制御することができます。実際に2台のTello EDUを1台のiPadにつなぎ、基本の離陸と着陸を実行してみました。

◆ 映像〜 Tello EDU Swift 編隊飛行テスト 1
(https://youtu.be/3JG-FclAZlg)

このミッションが成功すれば、次の2台を制御する「Control the Flow」、4台を制御する「Form A Guarding Fence」ミッションもすぐに実行できます。4台の機体が必要になるので友達と機体を持ち寄るか、学校など複数台用意できる環境が必要になります。筆者らもお互いに機体を持ち寄って編隊飛行ができるか検証してみました。このコードがどのように動くか動画で確認してみてください。

「Control the Flow」ミッション
2台を制御し、ミッションパッドの1から2までを並べてセットし、1台ずつ動

きを指定してコントロールします。2台を交互に上下させると、まるでダンスをしているような動きになります。

◆ 映像〜編隊飛行で Control the Flow ミッションに挑戦
　（https://youtu.be/AVA6RKYCNvo）

「Form A Guarding Fence」ミッション

　4台を制御するミッションです。1から4のミッションパッドを正方形に置き、ロケットの絵を次の番号のミッションパッドに向けてセットします。Tello EDU がそれぞれミッションパッドの位置や方向を読み取って、4台でパトロールするように動きます。

◆ 映像〜 Tello EDU Swift 編隊飛行テスト3
　（https://youtu.be/OH4PdCoS_VE）

ミッションに挑戦！ 編隊飛行のプログラムを考えてみよう

　ここまで、Tello Space Travel アプリのミッションに取り組んできましたが、各ステージの最後のミッション「Fly At Will」は、コードが入っていないため自分で自由にプログラムすることができます。ここでは、筆者らが編隊飛行にチャレンジしたプログラムの動画を紹介します。どのようにプログラムしているのか考えてみてください

◯ プログラムを考えよう！

「Control the Flow」ミッションを 2 台で制御しよう

　「Control the Flow」は、2 台を制御するミッションですが、コードを少し追加して 4 台を同時に制御してみました。テストした動画を紹介しますので、どうしたらこういう動きになるのか考えてみてください。

◈ 映像〜 Tello EDU Swift 編隊飛行テスト 2
(https://youtu.be/0HZzc1VBYF0)

▶ ヒント

　「Control the Flow」の 2 台制御プログラムをよく見ると、規則性があります。パターンを見つけ 4 台で制御してみてください。

4台を同時に制御して円を描いてみよう！

　この動画では、ミッションパッドを使って4台で編隊飛行しながら円を描いてみました。どのようにプログラムしたかわかるでしょうか。

◆ 映像〜編隊飛行で円を描いてみよう

　（https://youtu.be/H11TFqzlf28）

　▶ ヒント

　このプログラムも「Form A Guarding Fence」の動きを参考にしています。ポイントはミッションパッドを正確な位置に置くことでした。諦めずに取り組んでみてください。

　この2つのプログラム例は巻末に載せておきます。参考にしてみてください。

　皆さんも自分でドローンの動きを考えて「Fly At Will」にプログラムを書いてみましょう。「Swift Playgrounds」アプリには「コードを学ぼう」など、ほかにも無料で学ぶことができるアプリがたくさんあります。こちらは日本語に対応しているので、Tello Space Travel が難しいと感じた時は Swift が学べる「コードを学ぼう」などと同時進行で進めるととてもわかりやすいと思います。アプリは無料なのでぜひチャレンジしてみてください。

テキストプログラミングに挑戦！

協同的な学習環境の重要性：
仲間を見つけよう!

　プログラミングをしていると必ずうまくいかない場面が生まれます。本章での最大の難関だったのはこの編隊飛行のミッションでした。Wi-Fi ルーターに接続できたと思ってもどうしても離陸ができません。しかし、自分一人で考えていてもコードが間違っているのか、ドローンの機体の問題なのか、Wi-Fi の問題なのか全く解決策が見つかりません。

　そこで、筆者がいつもお世話になっている「Drone Engineer Tea Party（お茶会）」に参加してエンジニアの方々に協力していただき、一緒に検証してもらいました。結果、いくつかある Wi-Fi のうちの一つに接続が成功し、2 台同時に離陸・着陸することができました。一人では 1 ヶ月悩んでも解けなかった問題が 2 時間で解決してしまったこともあります。うまくいかない場合、検索したり、ネット上で相談したりすることもできますが、やはり直接会って問題を共有し教え合うことができる協働的なコミュニティの必要性を実感しました。

　問題だったのは Wi-Fi への接続でした。Wi-Fi で利用される周波数は 2.4GHz か5GHz のいずれかになっています。自宅などで Wi-Fi に接続する際にアクセスポイントが 2 つ表示されることがあります。G を含む SSID は 2.4GHz 帯、A を含むSSID は 5GHz 帯を示しています。Tello EDU のマニュアルを見ると機体の動作周波数は 2.4 〜 2.4835GHz です。筆者が学校や企業など数カ所でテストしてみた結果、2.4GHz の Wi-Fi では接続に成功しています。ただし、中にはセキュリティの問題なのか 2.4GHz でも動作しないこともありました。もしご自宅でも接続がうまくいかない場合は Wi-Fi の接続先を確認、変更してみてください。

　また、一度 Wi-Fi ルーターに接続すると設定内容が保存され、再起動してもリセットされないようです。その場合、機体の Wi-Fi に接続したいとき、Wi-Fi の設定画面に「TELLO-xxxxxx」というネットワークが検出されなくなってしまいます。設定をリセットしたいときは、電源ボタンを 5 秒長押ししましょう。

テキストプログラミングに挑戦!

コンピュータ上でプログラミングをする場合、うまくいかない時はどこかコードが間違っていないかなど問題を探しデバッグ（修正）作業をします。しかし、ドローンをプログラミングして飛行させる場合、バグの修正に止まらず、多種多様な問題が発生する可能性があります。その場合、やはり複数人でいろいろな視点から問題を見ていくことがとても重要です。各個人がいろいろなアイデアを出しながら試行錯誤して考え、物を作り上げていく力は、そのまま実社会でも役に立つのではないでしょうか。まずはぜひご家庭で取り組んでみてください。

多言語に対応する Tello EDU を学びつくそう!

　Tello EDU の特徴は、専用の Tello EDU アプリや Swift Playgrounds アプリだけでなく、Scratch（スクラッチ）や Python（パイソン）など多言語に対応していることです（Tello は Scratch のみ対応）。子どもたちがプログラミングを学ぶとき、ブロックプログラミングを学んだ後にどうステップアップしていくかが課題になっています。Swift Playgrounds はとてもおすすめのアプリですが、ミッションにしたがって進めていくので段階を踏んで学ぶことができる反面、プログラミングの自由度はあまりありません。パソコンを使って本格的にプログラミングをしてみたいという方には Scratch や Python がオススメです。こちらも無料で楽しむことができます。ただし、パソコンでの設定が必要になり、少し専門的な知識が必要になってきます。本節では、より Tello EDU を楽しんでもらうために、この 2 つの言語についても簡単に使い方を紹介しておきたいと思います。

Scratch でドローンを飛ばしてみよう

　Scratch は Tello EDU アプリと同じブロックプログラミングですが、ブロックの数が増えてミッションパッドも扱えるようになり、いろいろなプログラムが楽しめるようになっています。Scratch でドローンを飛ばす前にパソコンの準備や設定をしていきましょう。

　Tello EDU 公式ページ (https://www.ryzerobotics.com/jp/tello-edu) を開き、メニューから「ダウンロード」を選びます。「DOCUMENTS & MANUALS」と書かれた一覧に「Scratch README」ファイルがあります。このファイルに Tello EDU を Scratch で動かす手順が英語で書かれています。この手順にしたがって設定していきます。次の図は、Tello Scratch README ファイルの一部です。このファイルにダウンロードするサイトのリンクが貼られているので、インターネット上で開いてみてください。

◆ Scratch README

Tello Scratch README

1. Visit https://scratch.mit.edu/download and follow the instructions to install the Scratch 2.0 Offline Editor.

2. Download and install node.js from https://nodejs.org/en/.

3. Click here to download Tello.js and Tello.s2e, open the terminal, go to the file directory where you saved the previous files, and type "node Tello.js"

Scratch をインストールしよう

　Scratch にはインターネット上で使えるものとパソコンにインストールするバージョンがあります。Tello を動かすには Scratch 2.0 オフラインエディターをパソコンにインストールする必要があります。Windows、Mac OS 共に対応しているので、お使いの OS や環境に合わせて次のサイト（https://scratch.mit.edu/download/scratch2）から指示に従って以下をダウンロードしてください。本書では Mac OS を例に説明します。

- Adobe AIR（持っていない場合はこちらも必要です）
- Scratch 2.0 オフラインエディター

◆ Scratch 2.0 オフラインエディターダウンロード画面

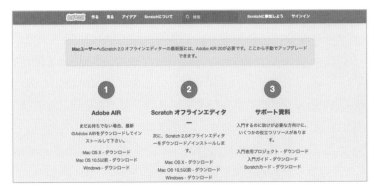

※本文中の記述及び画面は 2020 年 1 月時点のものです。製造元により機能が追加・変更される場合や、画面レイアウトが変更される場合があります。

◆ Scratch オフラインエディター

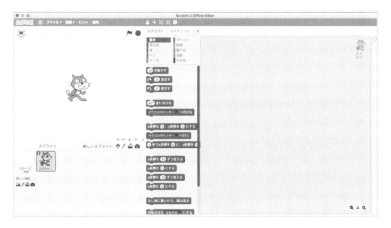

　表示が日本語でない場合は、左上の Scratch のロゴの横にある地球マークから日本語を選択するとブロックの文字が日本語になります。

node.js をインストール

　次に、node.js を下記のサイトから、「10.16.0 LTS」をダウンロードしてインストールします。(https://nodejs.org/en/)

◆ node.js のダウンロード

Tello EDU 用プログラミングデータのダウンロード

　Scratch で Tello EDU を動かすためのプログラミングデータは、先ほどの「Scratch README」ファイルの 3「Click here to download」をクリックするとダウンロードできます。「Scratch_For Tello.7z」という圧縮データがダウンロードされるので、ダブルクリックで展開してください。「scratch2.0_Tello_EDU」フォルダが作成さ

れます。

　まず、下記の Tello.js ファイルを右クリック→「このアプリケーションで開く」→「テキストエディット」を選び、ファイルを開きます。

◆ ダウンロードされた「scratch2.0_Tello_EDU」フォルダ

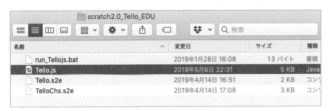

　次に、アプリケーションから「ターミナル」（Windows の場合はコマンドプロンプト）を立ち上げ、「node」と入力して〚Enter〛キーを押します。

◆ ターミナルに「node」と入力

　テキストエディットで開いた Tello.js ファイルの「var」以降最後まですべてをコピーします。

◆ ファイルの内容をコピー

```
/*
        Rzye Tello
        Scratch Ext 1.0.0.1
        http://www.ryzerobotics.com
        4/7/2018
*/

var osdData = {};

var http = require('http');
var fs = require('fs');
var url = require('url');


var PORT = 8889;
var HOST = '192.168.10.1';

var PORT2 = 8890;
var HOST2 = '0.0.0.0';

var localPort = 50602;
var cmd_send_cnt = 1;
var res_receive_cnt = 5;
// var PORT2 = 41235;
// var HOST2 = '127.0.0.1';
```

　ターミナル「>」以降の部分にペーストします。この画面はプログラミングが終わるまで開いたままにしておきます。

Scratch で Tello EDU を飛ばせるようにする

　ここまで準備をした後、最初にインストールした Scratch を起動します。〖Shift〗キーを押しながらメニューバーの「ファイル」を押すと、一番下に「実践的な HTTP 拡張を読み込み」というメニューが現れます。

◆「実践的な HTTP 拡張を読み込み」を選択

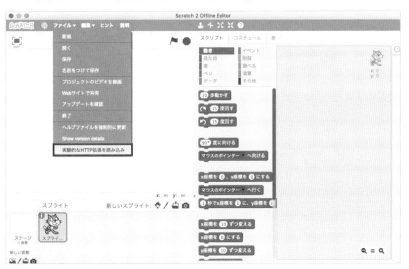

　「実践的な HTTP 拡張を読み込み」を選択し、ダウンロードした「scratch2.0_Tello_EDU」フォルダにある Tello.s2e ファイルを読み込みます。

◆ Tello.s2e を読み込む

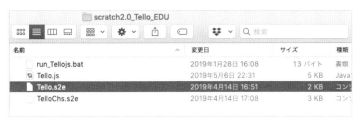

　Scratch 画面真ん中、「スクリプト」の「その他」をクリックすると、Tello EDU をコントロールするブロックが追加されています(ドローンを制御するブロックは英語表記)。これでプログラムを実行する準備が完了しました。

テキストプログラミングに挑戦!

◆ Tello EDU をコントロールするブロック

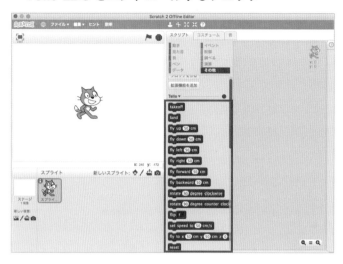

Scratch でプログラミング飛行テスト

　では、実際に Scratch でプログラミングし飛行させてみましょう。Tello EDU の
スイッチを入れ、パソコンから Tello EDU の Wi-Fi に接続します。「Tello EDU」
アプリのようにブロックを組み合わせてプログラミングし、緑の旗をクリックして実
行すると Tello EDU を Scratch で制御できるようになります。

◆ Scratch でのプログラミング画面例

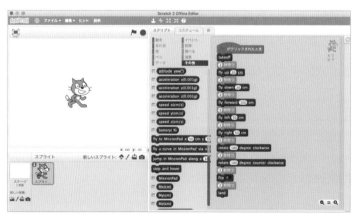

◆ 映像〜 Tello EDU の Scratch 飛行テスト

(https://youtu.be/xP7rqs585ok)

Python でドローンを飛ばしてみよう

Python は、AI などでも使われているとても本格的で人気のあるテキストプログラミング言語です。AI と聞くと難しいそうだと思うかもしれませんが、実はとても教育に適したプログラミング言語です。シンプルで記述も比較的短くて済むという特徴があります。Tello EDU を Python でも動かしてみましょう。

Python をダウンロードする

公式サイト (https://www.python.org) からメニューバーにある「Downloads」をクリックし、Python を OS に合わせてダウンロードします。インストールはダウンロードしたインストーラーを実行するだけなので簡単です。

◆ Python をダウンロード

Python のサンプルファイルをダウンロードする

Tello EDU 公式ページ (https://www.ryzerobotics.com/jp/tello-edu) のメニューから「ダウンロード」を選びます。「DOCUMENTS & MANUALS」と書かれた一覧から「SDK 2.0 User Guide」をクリックします。2 ページ目の「Introduction」を参考にしながら、Python のサンプルファイル「Tello3.py」をダウンロードします。

テキストプログラミングに挑戦!

https://dl-cdn.ryzerobotics.com/downloads/tello/20180222/Tello3.py

パソコンと Tello EDU の Wi-Fi を接続する

Tello EDU のスイッチを入れパソコンと Tello EDU の Wi-Fi を接続します。

ダウンロードした Tello3.py ファイルを開く

Tello3.py ファイルをダブルクリックで開き、メニューから「Run」→「Run Module」を選択します。

◆ 「Run Module」を選択

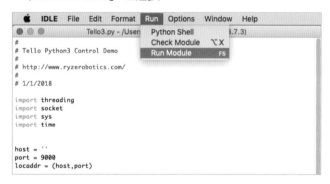

新しいウィンドウが開く

◆ 新しいウィンドウが立ち上がりコマンドを入力する画面

```
Python 3.7.3 (v3.7.3:ef4ec6ed12, Mar 25 2019, 16:52:21)
[Clang 6.0 (clang-600.0.57)] on darwin
Type "help", "copyright", "credits" or "license()" for more information.
>>>
================ RESTART: /Users/      /Downloads/Tello3.py ================

Tello Python3 Demo.

Tello: command takeoff land flip forward back left right

        up down cw ccw speed speed?

end -- quit demo.
```

コマンドを入力する

開いたファイルの下の空欄に、「command」と入力し、続いて離陸させるときは「takeoff」と入力します。着陸させるときは「land」、終了させる場合は、「end」を入力します。もちろん、他のコマンドも入力することができます。先ほど紹介した

「SDK 2.0 User Guide」を参照してください。

Python でプログラミング飛行テスト

Python のプログラミング飛行テストです。まずは離陸と着陸のテストしてみました。

◆ **映像〜 Tello EDU Python 飛行テスト（離陸・着陸）**

(https://youtu.be/tGnhbdsR9Vo)

　ここでは、Python を使ったプログラム導入例を紹介しました。Tello EDU に技術協力している DJI は STEAM 教育（科学・技術・工学・芸術・数学教育分野の総称）にも力を入れており、Tello EDU のアップグレードした SDK 2.0 によりビデオストリーム データにアクセスすれば、画像処理と AI 開発の可能性がさらに広がる教材になっています。また、本格的に学びたい場合には、Tello EDU の公式ページ（https://www.ryzerobotics.com/jp/tello-edu）に Python の公式のサンプルコード（https://github.com/dji-sdk/Tello-Python）が用意されています。

◆ **Python の公式のサンプルコード**

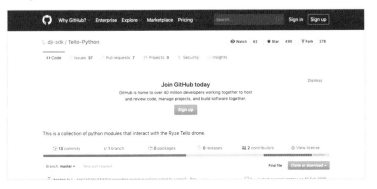

　経済産業省によると、2030 年に約 79 万人の IT 人材が不足すると予測されています。子どもたちにとって作りたいものが作れる環境はとても大切です。トイドローンを使ってぜひいろいろな可能性を試してみてください。

2章のプログラム例

◆ ミッションに挑戦! 災害救助

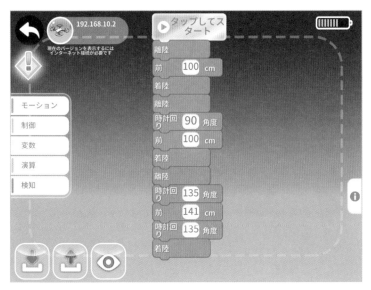

3章のプログラム例

◆ YZ平面上に星を描く（ミッションパッドなし）

4 章のプログラム例

◆ ミッションに挑戦！　いるかでジャンプ

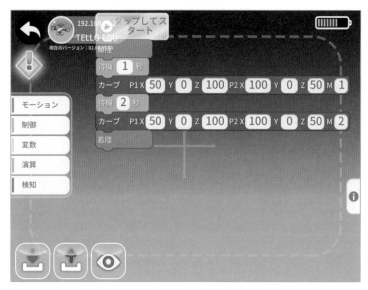

5 章のプログラム例

◆ 「Control the Flow」ミッションを 4 台で制御しよう

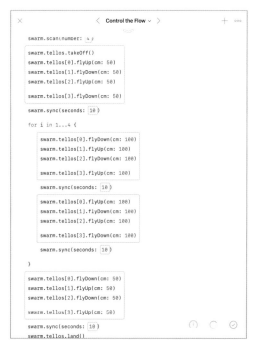

◆ 4台を同時に制御して円を描いてみよう！

```
swarm.scan(number: 4)
swarm.tellos.takeOff()
swarm.sync(seconds: 10)
swarm.tellos.flyDown(cm: 30)
swarm.sync(seconds: 10)
for i in 1...8 {
    swarm.tellos.transit(x: 50, y: 0, z: 100)
    swarm.sync(seconds: 10)
}
swarm.tellos.land()
```

＜参考資料・参考文献＞

◆ [Reviews]Vol.19 トイドローンの完成形現る。DJI と Intel の技術を積んだ「Tello」の実力はいかに！？
https://www.drone.jp/column/20180416161453.html
DRONE.jp , 田口 厚

◆ [教えて！ドローンプログラミング]Vol.01 Tello EDU ではじめるドローンプログラミング入門編
https://www.drone.jp/column/20190305132915.html
DRONE.jp , 石井 理恵

◆ [教えて！ドローンプログラミング]Vol.02 Tello EDU ではじめるドローンプログラミング中級編：いよいよ複数ドローンで飛行を楽しもう！
https://www.drone.jp/column/20190422153733.html
DRONE.jp , 石井 理恵

◆ [教えて！ドローンプログラミング]Vol.03 Tello EDU ではじめるドローンプログラミング上級編：Scratch と Python で飛ばしてみよう！
https://www.drone.jp/column/20190605110015.html
DRONE.jp , 石井 理恵

◆ 苅宿俊文・佐伯胖・高木光太郎 （編）
「ワークショップと学び 1 まなびを学ぶ」 東京大学出版会 2012

◆ 苅宿俊文・佐伯胖・高木光太郎 （編）
「ワークショップと学び 3 まなびほぐしのデザイン」 東京大学出版会 2012

　筆者らがドローンプログラミングに興味を持つようになったのは、低価格で高性能のトイドローンに出会ったのがきっかけです。初めてトイドローンに触れたとき、ラジコンをイメージしていたので、安定して飛行することや操縦だけでなくプログラミングでも動くことを知り、そのおもちゃとは思えないクオリティにとても驚きました。同時に、ニュースなどで知識だけはあったドローンなどの最新技術や AI、ロボット、空飛ぶ車等の世界は専門家の領域ではなく、子ども達にとっても自分の世界のできごとなのだと腑に落ちた瞬間でもありました。自分が扱える世界になって初めて「自分だったらだったらこう作りたい」という発想が生まれます。この経験から、プログラマーにならなくても最新技術やプログラミングとは何なのかを知ることは本当に大切なのだと、STEAM 教育の必要性を実感しました。Scratch という子ども向けプログラミング言語は MIT のメディアラボで開発されていますが、開発のベースにはシーモア・パパートの「ものを作りながら学ぶ」構築主義という考え方があります。本書でも、「ドローンを飛ばしたい！」という目的がまずあります。そこから、プログラムでものを動かしたり表現したりすることを楽しんで欲しいと考えています。

　また、ドローンプログラミングを始めてから気がついたのは、操縦に比べてコンピュータには厳密に指示を出さないと通じないということでした。これは、日本の空気を読む文化と真逆の感覚です。しかし、グローバル化が進む社会では、相手にきちんと伝えるという感覚はとても重要となります。論理的思考を身につけるという視点であれば他教科でも可能ですが、物を作るときの過程が記述され構造が可視化されるプログラミングは、これまでとは違ったアプローチが可能だと思います。フレーズを繰り返す音楽の楽譜のようだったり、頭ではわかっていても訓練しないと身につかない数学やスポーツのようだったり。また、知識を覚えるだけではなく、どんどん進化している技術や学問を学ぶことはそれだけでワクワクします。18 世紀後半に始まった産業革命は、初めて人力以外の動力を持ち、人の力以上のことが可能になったことが画期的でした。コンピュータの登場により、人間は人の力以上の計算力を手に入れました。プログラミングのすごさは、論理の力で何かを動かし生み出せることではないでしょうか。

　しかし、情報もあまりないドローンプログラミングの学習は挫折の連続でした。多くのエンジニアの方々や本書の実践のもとになったドローンプログラミング体験会の関係者の皆様など、本書の執筆には多くの方々のご支援とお力添えをいただきました。

最初に感じたドローンへのワクワク感と、おもちゃでもプログラミングできること
を知って生まれた「やってみたい！」という気持ちが本になりました。「遊び」と「学
び」と「世界」はつながっています。本書が子ども達の興味を持つきっかけになれば
幸いです。

記号

「○＜○」ブロック ……………………… 67,68

#(ハッシュタグ) ………………………… 152

A・B・C

Adobe AIR ……………………………… 180

App Store ……………………………… 159

Apple ID ……………………………… 159

Basic ステージ ……………………… 164,169

Connect Tellos to an AP ……………… 171

Control the Flow ……………………… 173,175

CPU ……………………………………… 22

D・F

DJI ……………………………………… 22

DRONE ………………………………… 15

Find all Tellos ………………………… 172

Fly At Will ……………………………… 175

for ……………………………………… 65

Form A Guarding Fence ……………… 174

From Other Publishers ………………… 160

「Function」ブロック …………………… 84

G・I・K

Galaxy Jamp …………………………… 169

if〜then〜 ……………………………… 70

if〜then〜else ………………………… 73

iPad

iPad …………………………………… 159

KJ法 …………………………………… 129

L・M・N・P

land() ………………………………… 165

LED ……………………………… 28,84,106

LED インジケーター …………………… 26,28

Mission Pad …………………………… 169

node.js ………………………………… 181

P1 ……………………………………… 139,143

P2 ……………………………………… 139,143

Python ………………………………… 179,185

S

Scratch ………………………………… 179

Scratch 2.0 オフラインエディター

……………………………………… 180

SSID …………………………… 31,172,177

STEAM教育 …………………………… 187,193

Swarm ………………………………… 164

Swift Playgrounds ……………………… 158,160

T

takeoff() ……………………………… 165

Tello ……………………………… 18,22,24,36

Tello by Ryze ………………………… 160,161

Tello EDU ……………………… 35,96,158,179

索引

Tello EDU アプリ
　……………………… 40,42,118,138
Tello Space Travel
　……………………… 158,162,163
Tello アプリ……………………… 30,32
Tello_Nest……………………………… 172
Tello.js………………………………… 182
Tello3.py……………………………… 185
tellotello …………………………… 172

W・X・Y・Z

wait(seconds: 3)………………… 165
Wi-Fi
　……31,54,120,134,141,144,177
Wi-Fiルーター…………………171,177
XYZ軸…………………………………98
「XYZに移動」ブロック ……………… 132
X軸…………………………97,102,132
YouTube………………………… 152
Y軸………………………………… 132
Z軸………………………………… 132

あ行

アイデア ………………………… 129
アクセスポイント ………………171,177
インストール ……… 30,40,159,180,185

エクスクラメーションマーク ……………… 62
「演算」グループ …………………… 67,68

か行

カウント …………………………77,81
舵チェック…………………………60,61
課題………………………… 91,103
関数 ………………………………84
「カーブ」ブロック…………………138,143
「繰り返し」ブロック ……………… 87,147
「繰り返し○回」ブロック………… 63,64,71
限界 ………………………………81
「検知」グループ …………………… 67
「コードを実行」ボタン …………… 167,172
航空法……………………………… 36
後方フリップ……………………… 63
五角形…………………………88,108
コマンドプロンプト………………… 182
コントローラー…………16,22,28,33,60

さ行

座標………………………………97,139
サンプルコード…………………… 187
実践的なHTTP拡張を読み込み……… 183
シミュレーター………………………56
十二角形…………………………89

シューティングスタードローン………… 157

条件分岐……………………………70,71

「ずっと」ブロック ……………………… 74

スマートフォン ……………………… 121

「制御」グループ

………………… 63,74,84,135,145

赤外線センサー…………………………28,29

センサー …………………………… 125

「前進」ブロック………………………… 48

前方フリップ……………………………63,66

「前方フリップ」ブロック ……………… 68

操縦…………………………………… 16

た行

ターミナル…………………………182,183

「待機○秒」ブロック……………………… 145

ダウンロード………… 159,179,185,159

「高さ」ブロック ………………………… 67

「タップしてスタート」ブロック

………………………………… 46,141

「着陸」ブロック…………………55,120,141

「停止」ボタン ……………………… 59,145

テキストプログラミング………………… 158

電源…………………………………… 120

トイドローン ………………… 18,22,36,193

動画………………………34,108,109,110,

……………………… 121,134,136,150,

……………… 152,167,173,175,176

トレーニングステーション……………… 42

ドローンショー …………………… 156

ドローン・ポート………………………… 96

は行

バーチャルスティック……………………… 33

パスワード…………………………159,172

バッテリー………………………………… 74

発表シート…………………………… 151

飛行情報…………………………………… 62

「飛行速度」ブロック……………………… 30

左回りカーブ…………………………… 143

「開く」ボタン…………………………… 123

フォン・ダンダン………………………… 45

ふりかえりシート……………124,134,135,

………………………… 136,146,151

フリップ ……………………………… 60,123

プログラミング …………………… 18,20

プログラミング教育……………………… 10

プログラム ……………………… 11,54

プログラム例 ………61,64,68,72,75

ブロック………………………………… 53

ブロックプログラミング………………… 179

プロペラ………………………………24,36

プロペラガード………………………… 25

索引

「変更iから0」ブロック ……………… 79

変数 …………………………………… 78

「変数」グループ ……………………… 77

「変数作成」ボタン …………………… 78

変数ステータス ……………………… 79

編隊飛行 ……………… 157,170,175

保護者の方へ

…………… 92,124,129,147,153

ポジショニングセンサー ……………28,29

「保存」ボタン…………………… 122

ホバリング………………………… 33

ま行

マーカー ……………………………… 96

マイプレイグラウンド ………………… 163

右回りカーブ………………………… 139

ミッション…………………………… 149

ミッションパッド…………… 23,99,108

メインカメラ…………………………26,27

「もし〜でなければ〜」ブロック………… 71

「もし」ブロック…………………66,67

「モーション」グループ

………………47,60,118,132,145

ら行

リセット ……………………………… 79

「離陸」ブロック………… 46,118,132,141

ループ………………………65,77,81

六角形………………………………… 89

わ行

ワークシート ………… 117,131,138,149

株式会社 Dron é motion （ドローンエモーション）

「ドローン× 地方創生」をテーマにドローンを活用した事業企画、空撮動画制作を行い、自治体や観光地に「空撮」をキーワードにしたさまざまな観光集客ソリューションを提供。また、それを担うドローンパイロット人材の育成（500名以上の卒業生を輩出）を行っている。

石井理恵 （いしい りえ）

1998年よりIT 教育関連NPO の立上げ、新聞社等のIT教育WEB コンテンツ制作、原稿執筆、創造的な学習環境をデザインするワークショップの運営等を行う。また、青山学院大学社会情報学研究センター特別研究員として多くの小中学校でワークショップの運営、出版、実践研究を行う。2019年より株式会社ドローンエモーションに参画。

田口厚 （たぐち あつし）

1998年よりIT教育関連NPOの立上げに参画し、年間60以上の小学校現場における創造的な学習支援や美術館・科学館等においてワークショップを運営。2016年には株式会社Dron é motion（ドローンエモーション）設立。自治体や観光地のPR 動画制作やドローンスクール・セミナー等の講師としても活動。

高山誠一 （たかやま せいいち）

プログラムとの出会いは12歳、本と雑誌でBASICを独学。高校ではC言語とアセンブラを独学し、プログラマーとして友人らとゲームを作りあげる。大学では情報工学を専攻。システム開発会社、航空測量会社を経て、2019年6月に高山ドローンリサーチ株式会社を設立。株式会社ドローンエモーションの活動にも参画中。

編集担当 ： 吉成明久 / カバーデザイン ： リブロワークス・デザイン室

空飛ぶプログラム
～ドローンの自動操縦で学ぶプログラミングの基礎

2020年3月2日　　初版発行

著　者	株式会社ドローンエモーション
発行者	池田武人
発行所	株式会社　シーアンドアール研究所
	新潟県新潟市北区西名目所4083-6（〒950-3122）
	電話　025-259-4293　　FAX　025-258-2801
印刷所	株式会社　ルナテック

ISBN978-4-86354-300-3　C3055
©Dron é motion, 2020

Printed in Japan